Zeaur Rahim

Avaliação das propriedades de virulência e caraterização de Aeromonas

Zeaur Rahim

Avaliação das propriedades de virulência e caraterização de Aeromonas

Aeromonas no ambiente

ScienciaScripts

Cover image: www.ingimage.com

This book is a translation from the original published under ISBN 978-3-659-41071-0.

Publisher:
Sciencia Scripts
is a trademark of
Dodo Books Indian Ocean Ltd. and OmniScriptum S.R.L publishing group

120 High Road, East Finchley, London, N2 9ED, United Kingdom
Str. Armeneasca 28/1, office 1, Chisinau MD-2012, Republic of Moldova, Europe
Printed at: see last page
ISBN: 978-620-8-09678-6

Índice:

AVALIAÇÃO DAS PROPRIEDADES DE VIRULÊNCIA E CARACTERIZAÇÃO DE *AEROMONAS*

RECONHECIMENTO

Tenho de expressar a minha gratidão a Deus Todo-Poderoso, que me deu força e energia para ultrapassar os obstáculos que enfrentei desde o início para iniciar as experiências laboratoriais para esta dissertação. Sem a Sua graça especial, não me teria sido possível concluir o meu trabalho.

Expresso a minha sincera gratidão ao meu respeitado professor e supervisor, Dr. Sirajul Islam Khan, doutorado, Professor do Departamento de Microbiologia da Universidade de Dhaka, pela sua constante supervisão, orientação e encorajamento durante o curso do meu trabalho de tese.

O meu cordial apreço e profunda gratidão são devidos ao meu co-orientador, Dr. Gopinath Balakrish Nair, Ph.D., FNASc, Diretor da Divisão de Ciências Laboratoriais do Centro Internacional de Investigação sobre Doenças Diarreicas, Bangladesh (ICDDR,B), pela sua valiosa orientação, crítica construtiva e supervisão.

Estou também grato aos antigos Diretores da Divisão de Ciências Laboratoriais, Dr. Manuel John Albert, Ph.D. e Professor V.I. Mathan, M.D., Ph.D., FRCP, FAMS, FNA, pela sua gentil autorização e atribuição de fundos que me permitiram continuar o trabalho de tese na Divisão.

Gostaria de exprimir a minha gratidão ao Professor J Glenn Morris, Jr., MD, MPH&TM, Professor e Presidente do Departamento de Epidemiologia e Medicina Preventiva da Faculdade de Medicina da Universidade de Maryland, Baltimore, EUA, por me ter disponibilizado instalações laboratoriais e orientação para a deteção do gene *da* enterotoxina citotóxica (*act*) *de Aeromonas.* Estou igualmente grato ao Dr. Sanmuga Sozhamannan, Investigador Clínico do mesmo departamento, por várias ajudas técnicas durante o meu trabalho no laboratório do Professor Morris.

Os meus sinceros agradecimentos são devidos ao Dr. A. N. Ghosh, Diretor Assistente, Departamento de Microscópio Eletrónico, Instituto Nacional de Cólera e Doenças Entéricas (NICED), Calcutá, Índia, por me ter gentilmente ajudado com a excelente transmissão de microcópias electrónicas. Estou igualmente grato ao Dr. T. Ramamurthy, diretor adjunto deste instituto, pela ajuda técnica prestada durante o meu trabalho no NICED.

Tenho o dever de expressar a minha gratidão ao Professor Ashok Kumar Chopra, Ph.D., Texas Medical School at Galveston, EUA, por me ter gentilmente cedido a sonda *act*. Estou também grato ao Dr. M. Janda, Ph.D., California Department of Health Services, Berkeley, Califórnia, EUA, por ter fornecido a estirpe do tipo O:34 de *Aeromonas hydrophila* e pela orientação para a criação de antissoro policlonal específico O:34 em coelho.

Os meus sinceros agradecimentos são devidos ao Dr. R. Bradley Sack, BS, MS, M.D., Sc. D., Department of International Health, The Johns Hopkins University, Bloomberg School of Public Health, Bltimore, EUA e Edward T. Ryan, M.D., D.T.M.&H, Diretor, Tropical and Geographical Medicine Center, Massachusetts General Hospital, Boston pelas suas críticas construtivas ao trabalho.

Estou grato ao Sr. M.S.I. Khan, Diretor do Centro de Serviços de Divulgação e Informação (DISC), ao Sr. M.A. Rahim, editor do ICDDR,B, ao Sr. Peter Thorpe, Diretor Associado da Divisão de Ciências da Informação do ICDDR,B e também ao Dr. Afzalur Rahim Chowdhury, Ph.D., Conselheiro Científico da Heller Ehrman White McAulifee, EUA, pela sua ajuda técnica

Agradeço o financiamento obtido do ICDDR,B e da Cooperação Suíça para o Desenvolvimento para o meu trabalho de tese. O apoio logístico obtido do PRISM Bangladesh é reconhecido com gratidão.

Estou grato ao Dr. Firdausi Qadri, M. Sc., Ph.D., Cientista Sénior, e ao Dr. Md. Sirajul Islam, da Divisão de Ciências Laboratoriais, pela sua cooperação útil durante o curso do meu trabalho de tese. O seu apreço foi uma espécie de estímulo constante para o meu trabalho árduo.

Estou também grato ao Dr. K. Zaman, M.B.B.S., M.PH e Ph.D., Epidemiologista, Divisão de Ciências da Saúde Pública do ICDDR,B por me ter dado coragem moral.

Estou grato à Sra. Khairunnesa Mahamood e a Tuhin Sarder pela sua excelente assistência de secretariado sempre que necessário.

Por último, mas não menos importante, estou também grato ao Professor David Allan Sack, M.D., Diretor do ICDDR,B pela sua gentil autorização para continuar o meu trabalho de tese na Divisão de Ciências Laboratoriais. O seu encorajamento tem sido um estímulo constante para continuar o trabalho de investigação, mesmo depois das horas de expediente e durante os fins-de-semana.

RESUMO

Aeromonas spp. foram isoladas de lentilha de pato (DW), água e brânquias e conteúdo intestinal de peixes amostrados em áreas de águas residuais e não residuais de uma piscicultura. Entre as três espécies de *Aeromonas*, a incidência de *A. sobria* (56,6%) foi maior do que a de *A. hydrophila* (28,0%) e *A. caviae* (15,8%). Não foram observadas diferenças significativas entre as áreas com e sem águas residuais em termos de densidade de *Aeromonas* em DW (P=0,053), água (P=0,384) e brânquias (P=0,402) e conteúdo intestinal (P=0,312) das amostras de peixe. A densidade de *Aeromonas* nas brânquias correlacionou-se significativamente (P<0,001) com a do conteúdo intestinal dos peixes em ambas as áreas. A densidade de *Aeromonas* nas brânquias e no conteúdo intestinal dos peixes também se correlacionou com o pH (P<0,001) e com a condutividade (P<0,001) apenas na área sem águas residuais e com a temperatura em ambas as áreas de águas residuais (P<0,01) e sem águas residuais (P<0,001). A densidade de *Aeromonas* na água correlacionou-se com a condutividade (P<0,001) apenas na área de águas residuais. Este estudo conclui que a água doce cultivada para o tratamento de águas residuais pode ser utilizada com segurança como alimento para peixes.

Os fagos de *Aeromonas hydrophila* foram isolados de amostras de água e de sedimentos de lagos contaminados e não contaminados por esgotos. A densidade de fagos *de Aeromonas* variou entre $4{,}0\text{x}10^{1}$ e $2{,}0\text{x}10^{4}$ pfu/ml ou g em amostras de água e sedimento. Este estudo conclui que os fagos de *Aeromonas* estão distribuídos tanto em lagoas contaminadas por esgotos como em lagoas não contaminadas.

O gene da enterotoxina citotóxica (*act*) foi detectado em 32 de 69 isolados ambientais de *Aeromonas* spp. Os isolados gene-positivos diferiram significativamente dos gene-negativos no que diz respeito à enterotoxicidade no ensaio de ratos em aleitamento (P=0,009) e à atividade hemolítica (P=0,005). No entanto, todos os isolados de *Aeromonas* geneticamente positivos e geneticamente negativos foram uniformemente sensíveis ao cloranfenicol, à ciprofloxacina e à furazolidona.

O título mais elevado de enterotoxina citotóxica foi produzido em caldo de infusão de cérebro e coração (BHIB) em comparação com caldo de soja tripticase com extrato de levedura, extrato de levedura de casaminoácido e meio de Richardson. A produção de citotoxina foi aumentada quando o BHIB foi suplementado com cálcio (1 mM), magnésio (10 mM), ferro (200 pg) e cloreto de sódio (0,5%).

Foram detectados pilus em 13 isolados e antigénio O:34 em 11 isolados de *Aeromonas* spp. com o gene *act*. Os pilus e o antigénio O:34 foram detectados mais em isolados de *A. sobria* do que em isolados de *A. hydrophila*. No entanto, não foi possível estabelecer uma relação entre o gene act e a produção de pilus e antigénio O:34 em *Aeromonas* spp.

Capítulo 1

1. INTRODUÇÃO E REVISÃO DA LITERATURA

1.1 INTRODUÇÃO

A diarreia é uma das principais causas de doença e morte entre as crianças nos países subdesenvolvidos e em desenvolvimento do mundo (Snyder e Merson 1982). Estima-se que 1,3 mil milhões de episódios e 4 milhões de mortes ocorram todos os anos entre as crianças com menos de cinco anos de idade devido à diarreia. Globalmente, as crianças têm uma média de 3,3 episódios de diarreia por ano, mas nalgumas partes do mundo ultrapassa os 9 episódios por ano (Bern *et al.* 1992). Nas zonas endémicas, 80% das mortes devidas à diarreia ocorrem nos primeiros dois anos de vida (OMS 1990).

A diarreia, uma doença de origem hídrica, é transmitida ao hospedeiro suscetível através da via fecal-oral. Devido à falta de instalações para a eliminação segura dos excrementos, as águas subterrâneas e superficiais ficam contaminadas com agentes patogénicos entéricos. Como resultado da utilização de águas contaminadas para tomar banho, nadar e lavar utensílios, os agentes patogénicos entéricos entram no intestino para iniciar a infeção quando o agente patogénico é altamente virulento. Os agentes patogénicos avirulentos ou moderadamente virulentos não podem causar infeção entérica até adquirirem virulência através da passagem repetida no intestino dos habitantes da comunidade como resultado do consumo constante de águas poluídas. Este fenómeno foi provado quando as manchas de *Aeromonas* spp. adquiriram virulência através da passagem repetida no intestino de animais de laboratório (Singh e Sanyal 1996, Krzyminska *et al.* 2001). Assim, ao serem passadas na comunidade, as estirpes virulentas de *Aeromonas* são libertadas no ambiente através de fugas de esgotos. Estas estirpes virulentas de *Aeromonas*, que são predominantes na comunidade, podem causar um surto de diarreia em toda a comunidade.

Há alguns anos atrás, os agentes causadores de diarreia podiam ser identificados nas fezes de 25% dos pacientes com diarreia aguda. No entanto, com o avanço da ciência e a introdução de técnicas inovadoras, é possível identificar mais de 80% dos agentes causadores (OMS 1990). Os agentes etiológicos da diarreia são numerosos e alguns deles são conhecidos há décadas. A maioria dos agentes está distribuída por todo o mundo, mas alguns deles são endémicos em determinadas regiões geográficas devido ao comportamento único dos agentes patogénicos, às condições ambientais, aos padrões de comportamento do hospedeiro, etc. Estão continuamente a ser acrescentados novos agentes patogénicos à lista de agentes causadores de diarreia. Os agentes recentemente identificados são *Providentia alkalifaciens*, *Hafnia alvei, Aeromonas* spp. e diferentes serotipos de *Escherichia coli.*

As Aeromonas spp. são abundantes em massas de água naturais (Gibotti *et al.* 2000). Podem também ser isoladas de água doce (Pasetto *et al.* 1998), de água potável (Legnani *et al.* 1998) e de água engarrafada (Warbutton *et al.* 1994). A densidade de *Aeromonas* spp. flutua com a variação dos parâmetros físico-químicos da água num ecossistema aquático (Fliermans *et al.* 1977). *Aeromonas* spp. apresenta uma dinâmica populacional em águas naturais (Pettibone 1998) e em lagoas de tratamento de águas residuais (Monfort e Baleux 1990). Também foram isoladas estirpes de *Aeromonas* spp. de águas poluídas (Araujo *et al.* 1991). A partir da água contaminada, foi registada uma infeção dos tecidos moles em seres humanos (Joseph *et al.* 1979, Sacho *et al.*1990) causada por este organismo. Além disso, foi isolado de fontes de água domésticas cloradas e não cloradas (Burke *et al.* 1984a, 1984b). A flutuação na contagem de aeromonas em água doméstica não clorada correlaciona-se com isolados clínicos de casos de diarreia (Burke *et al.* 1984a). Além disso, *as Aeromonas* spp. são importantes agentes patogénicos para os peixes (Rahim *et al.* 1984, Chattopadhyay *et al.* 1991, McGray *et al.* 1991) e podem afetar gravemente a indústria piscícola. A água *infestada com Aeromonas* induz a mortalidade de alevins na incubadora (Ortega *et al.* 1996).

No início dos anos 60, Lautrop (1961) isolou *A. hydrophila* das fezes de doentes diarreicos e suspeitou da sua associação como agente causal. Posteriormente, Rosner (1964) isolou esta bactéria das fezes de um doente diarreico com dores abdominais, febre e fezes sanguinolentas. Rosner (1964), pela primeira vez, comprovou a associação da *A. hydrophila* com a diarreia através da aglutinação da estirpe bacteriana isolada com o soro do doente. A importância da *Aeromonas* spp. como agente causador de diarreia tornou-se mais alarmante quando foi isolada de 5,2% dos doentes da Índia (Bhat *et al.* 1974) e de 8,6% dos doentes do Bangladesh (Aziz *et al.* 1986) durante epidemias semelhantes à cólera. A taxa de isolamento de *Aeromonas* spp. das fezes diarreicas difere em diferentes contextos geográficos (Gracey *et al.* 1986). Entre os diferentes grupos etários, a incidência de *Aeromonas* é notavelmente mais elevada nas crianças (Burke *et al.* 1984a, Teka *et al.* 1999).

A literatura publicada sobre *Aeromonas* spp. reconhece que esta bactéria é um agente patogénico versátil que causa diferentes tipos de infeção nos seres humanos e nos animais domésticos e aquáticos. Todos os anos, no Bangladesh, diferentes espécies de peixes são infectadas com a doença ulcerada. No entanto, a investigação relacionada com a ecologia de *Aeromonas* spp. em pisciculturas ainda não foi abordada. Por conseguinte, o presente estudo foi realizado para elucidar a correlação entre a densidade de *Aeromonas* e os parâmetros físico-químicos da água numa exploração piscícola e para caraterizar melhor os isolados de *Aeromonas* spp. através de técnicas bioquímicas, serológicas e moleculares.

1.2 . Revisão da literatura

1.2.1 . Taxonomia: A bactéria *Aeromonas* foi isolada pela primeira vez por Zimmerman em 1890, no início do século XIX, a partir de água da torneira, tendo-lhe dado o nome de *Bacillus punctatus*. Um ano mais tarde, Sanarelli isolou um tipo semelhante de bactéria de uma rã infetada com uma doença chamada "doença da perna vermelha" (Sanarelli 1891). Sanarelli designou esta bactéria por *Bacillus hydrophilus fuscus*. Finalmente, Kluyver e Van Niel (1936) propuseram o género *Aeromonas* para descrever as bactérias isoladas por Zimmerman (1890) e Sanarelli (1891). Finalmente, o género *Aeromonas* foi incluído na 7.ª edição do Bergey's Manual (Breed *et al.* 1957). Posteriormente, Veron (1966) propôs a inclusão de *Aeromonas* na família das *Vibrionaceae.* Na 8.ª edição do Manual de Bergey (Buchanan e Gibbons 1974), a definição original do género *Aeromonas* foi alterada com as seguintes propriedades salientes Bastonetes Gram-negativos com flagelos polares (geralmente monótropos) ou não móveis; aeróbios facultativos; fermentam cabo-hidratos com a formação de ácido com e sem gás; citocromo-oxidase positiva; reduzem nitratos a nitritos; são insensíveis ao composto vibriostático (2,4-diamino-6, 7- diisopropilepteridina, também chamado 0/129); conteúdo de guanina-citosina do ADN 57 a 63 mol %.

O género *Aeromonas* inclui dois grupos distintos: um é psicrófilo e não móvel, enquanto o outro é mesófilo e móvel. *A. salmonicida* está incluída no grupo psicrófilo e está principalmente associada à infeção de peixes (von Graevenitz 1985). O grupo mesófilo divide-se em três espécies: *A. hydrophila*, *A. sobria* e *A. caviae* (Popoff 1984). As espécies do grupo mesófilo estão associadas à infeção dos seres humanos (Janda *et al.* 1998) e de outros animais.

As Aeromonads foram colocadas na família *Vibrionaceae* com base em caraterísticas fenotípicas. Mas as provas biológicas moleculares, incluindo a sequência de nucleótidos de 16S e 5S rRNA e dados de hibridação rRNA-DNA, sugerem que as aeromonadas são diferentes dos membros de *Enterobacteriaceae* e *Vibrionaceae*. Todas estas evidências sugerem que as espécies do género *Aeromonas* representam uma família distinta, *Aeromonadaceae* fam. nov (Colwell *et al.* 1986).

A análise baseada na variação electroforética de diferentes enzimas celulares, juntamente com dados de hibridação ADN-ADN de diferentes estirpes de *Aeromonas*, indica que o género é composto por várias espécies designadas por grupos de hibridação (HGs) (Janda *et al.* 1991). Os relatórios publicados reconhecem 12 HGs (Janda *et al.* 1991). Desde 1987, foram propostas várias novas *Aeromonas* spp. e foi registado um total de 14 *Aeromonas* spp. juntamente com os HGs (Hickman-Brenner 1987, Hickman-Brenner 1988, Carnahan *et al.* 1991a, Carnahan *et al.* 1991b, Janda 1991, Martinez-Marcia *et al.* 1992, Esteve et *al.* 1995, Ali *et al.* 1996). Estas espécies são apresentadas no Quadro-1.1, juntamente com o seu papel potencial na infeção humana e a fonte de isolamento. O quadro-1.1 mostra também dois biótipos de *A. veronii* (*A. veronii* biótipo sobria e *A. veronii* biótipo veronii).

1.2.2 Serotipagem de *Aeromonas* spp: A serotipagem é o melhor método para diferenciar estirpes bioquimicamente semelhantes com uma estrutura antigénica diferente. Além disso, o esquema de serotipagem pode ser utilizado com precisão como marcadores epidemiológicos. Durante uma epidemia, o isolamento de um ou mais agentes etiológicos de um determinado serótipo pode fornecer indícios suficientes para identificar a via provável de transmissão e para formular estratégias de intervenção eficazes e adequadas.

A caraterização preliminar do antigénio somático e flagelar de *Aeromonas* foi realizada no Center for Disease Control (CDC), EUA. (Ewing *et al.*1961). Infelizmente, estas estirpes de referência representativas não estavam disponíveis no CDC para prosseguir a tipagem das estirpes de *Aeromonas*. Duas décadas mais tarde, Leblance *et al.* (1981) propuseram outro esquema para a serotipagem de isolados de *Aeromonas* em peixes mesófilos. Dividiram 195 *Aeromonas* móveis em 12 grupos O-antigénicos sem designar o símbolo antigénico. Este esquema de serotipagem foi considerado incompleto, uma vez que as estirpes estudadas tinham uma fonte comum de isolamento.

Tabela-1.1. Espécies de *Aeromonas,* seu provável papel patogénico e fonte de isolamento

AEROMONAS	NÃO-PATOGÉNIO

PRINCIPAIS AGENTES PATOGÉNICOS	AGENTES PATOGÉNICOS MENORES	ESPÉCIES AMBIENTAIS
A. HYDROPHILA (HG 1)	*A. VERONII* BT VERONII (HG 10)	*A. SALMONICIDA* (HG 3)
A. CAVIAE (HG 4)	*A. JANDAEI* (HG 9)	*A. SOBRIA* (HG 7)
A. VERONII BT SOBRIA (HG 8)	*A. SCHUBERTII* (HG 12)	*A. MEIOS DE COMUNICAÇÃO* (HG 5)
		A. EUCRENOPHILA (HG 6)
		A. trota
		A. allosaccharophila
		A. ENCHELEIA (HG 11)
		A. BESTIARUM (HG 2)
		A. popoffii

Tendo em conta as limitações do esquema de serotipagem de *Aeromonas* anteriormente proposto, Sakazaki e Shimada (1984) propuseram outro novo esquema para serotipar *Aeromonas* spp. móveis mesófilas colhidas em diversas fontes e diferentes localizações geográficas. Definiram 44 serogrupos O e assinalaram também que alguns antigénios O de *Aeromonas* eram idênticos ou estavam estreitamente relacionados com alguns outros serogrupos de *Vibrio fluvialis* e *Plesiomonas shigelloides*.

A Divisão de Patogéneos Entéricos do Laboratório Central de Saúde Pública (Cheasty *et al.* 1988), Colindle, Reino Unido, criou um antissoro correspondente ao serogrupo antigénico O de Sakazaki e Shimada (1984). Este esquema de serotipagem foi seguido para tipar 864 *Aeromonas* mesófilas móveis isoladas de 775 amostras de fezes humanas, 36 amostras clínicas que não fezes e 53 amostras não humanas do Reino Unido. Utilizando o esquema de Sakazaki e Shimada (1984), 40% das estirpes de *Aeromonas* do Reino Unido foram serotipadas. Mas a taxa de capacidade de tipagem diferiu nas diferentes espécies de *Aeromonas*. Neste esquema, foram detectados 10 ou mais serogrupos O de *Aeromonas* spp. Cheasty *et al.* (1988) realizaram uma maior expansão do esquema de serotipagem para melhorar a capacidade de tipagem das estirpes de *Aeromonas* spp.

Misra *et al.* (1989) serotiparam 118 estirpes mesófilas isoladas de fezes diarreicas e amostras ambientais de Calcutá, Índia, utilizando o esquema de serotipagem de Sakazaki e Shimada (1984). Conseguiram classificar as estirpes *de Aeromonas* em 23 serogrupos diferentes. Os serogrupos eram O:34, O:16 e O:11, por ordem de predominância. Mas nenhum dos trabalhadores acima mencionados pôde comentar as implicações epidemiológicas e patogénicas de um determinado estereótipo.

As Aeromonas spp. isoladas de apresentações clínicas de doenças humanas (septicemia, meningite, peritonite e infeção de feridas) (Kokka e Janda 1990, Khashe *et al.* 1996) e de surtos epizoóticos de septicemia do peixe dourado (Merino *et al.* 1988) foram serotipadas utilizando o esquema de Sakazaki e Shimada (1984). Foram detectados dois serogrupos predominantes, tais como O:11 e O:34, que foram estabelecidos como serótipos patogénicos de espécies de *Aeromonas.*

Tendo em conta as limitações do esquema de Sakazaki e Shimada (1984) para a serotipagem de *Aeromonas* spp. Thomas *et al.* (1990) propuseram um esquema de serogrupagem alargado para a tipagem de *Aeromonas* spp. mesófilas móveis. Posteriormente, Shimada e Kosako (1991) compararam os dois esquemas de serogrupagem O de *Aeromonas* existentes e verificaram uma boa concordância entre eles.

Outros estudos sobre a caraterização bioquímica e as propriedades serológicas do género *Aeromonas* indicaram que uma genoespécie inclui mais do que um estereótipo e que as estirpes de referência para cada grupo de hibridação não são serologicamente representativas de uma determinada genoespécie. Os serotipos O:11, O:16 e O:34 foram os serotipos predominantes entre os isolados clínicos (Janda *et al.* 1996).

Merino *et al.* (1994) registaram a morte mediada pelo complemento de estirpes de *Aeromonas* do serótipo O:34 a 37oC (sensíveis ao soro). Estas estirpes podiam resistir (resistentes ao soro) à morte mediada pelo complemento quando cultivadas a 20oC. Foi investigado que, a baixa temperatura, as estirpes de *Aeromonas* produzem um polissacárido liso, que ajuda as bactérias a resistir à morte mediada pelo complemento. Mas quando cultivadas a temperaturas elevadas (37oC), as mesmas bactérias produziram polissacárido rugoso, que aumenta a morte mediada pelo complemento de *Aeromonas* spp.

As estirpes de *A. hydrophila* pertencentes aos serótipos O:11 e O:34 podem produzir cápsulas (Merino *et al.* 1995). Além disso, algumas estirpes de *A. trota* reagem de forma cruzada com o antissoro de *Vibrio cholerae* O139. Estas estirpes de *A. trota* são patogénicas (Albert *et al.* 1995). Estas estirpes de *A. trota* com reação cruzada possuíam um tipo ligeiramente diferente de polissacárido O-específico, responsável pela reação cruzada com o antissoro de *V. cholerae* O139 Bengala (Knirel *et al.* 1996).

1.2.3. Distribuição de aeromonadas no ambiente aquático

As Aeromonas spp. estão ubiquamente distribuídas no ambiente aquático. As estirpes deste género são abundantes em águas superficiais (Fliermans *et al.* 1977, Hazen *et al.* 1978, Kersters *et al.* 1995), águas subterrâneas (Kersters *et al.* 1995), águas salobras (Kaper *et al.* 1981), esgotos e águas residuais (Boussaid *et al.* 1991), abastecimento de água doméstica clorada e não clorada (Burke *et al.* 1984a, 1984b), águas residuais (Hassani *et al.* 1992), lagoas de estabilização (Boussaid *et al.* 1991), estações de purificação de águas residuais (Stecchinis e Domenis 1994), etc. Inclusive, *Aeromonas* spp. foram isoladas como contaminantes em amostras de água engarrafada da Arábia Saudita (Slade *et al.* 1986), Espanha (Gonzalez *et al.* 1987) e Canadá (Warburton *et al.*1992). O isolamento de *Aeromonas* spp. de diversos ecossistemas aquáticos indica uma capacidade de adaptação única deste organismo (Mateos *et al.* 1993) em diversos nichos ecológicos. Sugere-se que os seres humanos adquirem infecções intestinais principalmente devido ao consumo de água potável crua e processada infestada de *Aeromonas* (Van der Kooij 1988). Supõe-se ainda que, em determinadas circunstâncias, a tecnologia atual de produção de água potável pode proporcionar condições ambientais que favoreçam o crescimento de aeromonas (Schubert 1991, Kersters *et al.* 1995). Na água doce e na água pobre em nutrientes, o potencial de sobrevivência das *Aeromonas* também varia (Kersters *et al.* 1996).

Diferentes parâmetros físico-químicos da água podem afetar o crescimento e a distribuição de *Aeromonas* no ambiente aquático. Nas duas décadas seguintes, o efeito dos parâmetros físico-químicos da água sobre as *Aeromonas* no ecossistema aquático foi amplamente estudado por diferentes investigadores. Estes estudos centraram-se principalmente no efeito do oxigénio dissolvido (Seidler *et al.* 1980), da temperatura (Hazen *et al.* 1978), do pH (Hazen *et al.* 1978) e da condutividade (Burke *et al.* 1984a), etc.

A relação entre o oxigénio dissolvido e a densidade de *Aeromonas* num ecossistema aquático foi levantada pela primeira vez por Seidler *et al.* (1980). Foi observada uma relação inversa entre o oxigénio dissolvido e a densidade de *Aeromonas* num estudo realizado no rio Anacostia (Seidler *et al.* 1980). O estudo de Kaper *et al.* (1981) na Baía de Chesapeake confirmou as observações de Seidler *et al.* (1980). São necessários mais estudos fora dos EUA para confirmar as observações destes grupos.

As Aeromonas podem crescer numa vasta gama de pH (5,0 a 9,0), mas não conseguem crescer a um pH inferior a 4,0 e superior a 10 (Hazen *et al.* 1978). Além disso, a temperatura óptima de crescimento de

Aeromonas era próxima de 45oC, mas a maioria das estirpes de *Aeromonas* pode crescer a 35oC (Rouf e Rigney 1971). A temperatura é um dos factores importantes que afectam o crescimento e a distribuição de *Aeromonas* spp. no ambiente aquático (Kaper *et al.* 1981). Cavari *et al.* (1981) demonstraram uma atividade metabólica elevada de *A. hydrophila* a 25oC em comparação com 4oC numa experiência laboratorial e, em última análise, explicaram a possível correlação do aumento da densidade de *Aeromonas* devido ao aumento gradual da temperatura da água no rio Anacostia dos EUA (Seidler *et al.* 1980). A correlação positiva da densidade de *Aeromonas* com a temperatura da água foi registada por vários investigadores (Hazen *et al.* 1978, Hazen e Fliermans 1979, Rippey e Cabelli 1979, Seidler *et al.* 1980, Kaper *et al.* 1981). No entanto, Burke *et al.* (1984a) e Boussaid *et al.* (1991) registaram uma relação inversa entre a densidade de *Aeromonas* e a temperatura da água. São necessários mais estudos para explicar a discrepância entre os resultados de diferentes investigadores de diferentes localizações geográficas.

A condutividade da água no ambiente aquático é influenciada por diferentes iões metálicos. Alguns destes iões metálicos são utilizados como co-factores enzimáticos para o crescimento, a atividade metabólica e a sobrevivência das bactérias no ecossistema aquático. Assim, presume-se que a condutividade possa desempenhar um papel importante na sobrevivência de *Aeromonas* no ecossistema aquático. Burke *et al.* (1984a) registaram uma correlação significativa entre a densidade de *Aeromonas* e a condutividade da água.

1.2.4. Infeção humana

A Aeromonas entra na história da infeção humana como resultado do seu isolamento de diferentes materiais de autópsia de uma senhora jamaicana de 40 anos que morreu de uma doença aguda chamada "Miosite metastática fulminante". (Hill *et al.* 1954). Recentemente, Caselitz (1996) descreveu a história pormenorizada da introdução de *Aeromonas* na Microbiologia Médica. Atualmente, está disponível um grande número de publicações em revistas biomédicas que indicam diferentes tipos de infecções humanas associadas a *Aeromonas* spp.

1.2.4.1. Infecções intestinais: A diarreia associada a *Aeromonas* spp. foi relatada pela primeira vez em 1961 na Colâmbia durante um surto de diarreia num berçário para recém-nascidos (Martinez-Silva *et al.* 1961). No mesmo ano, Lautrop (1961) isolou esta bactéria das fezes de pacientes diarreicos e suspeitou do seu papel patológico em associação com a diarreia. Posteriormente, Rosner (1964), pela primeira vez, provou a associação desta bactéria com a diarreia, aglutinando isolados com soro de doentes. No início dos anos 70, *a Aeromonas* atraiu a atenção dos cientistas médicos quando foi isolada de 5,2% dos doentes com diarreia da Índia (Chatterjee e Noegy1972, Bhat *et al.* 1974). No entanto, as provas da associação de *Aeromonas* com a diarreia só surgiram quando Gracey *et al.* (1982) relataram um estudo de caso-controlo de diarreia associada *a Aeromonas* na Austrália. Neste estudo, *as Aeromonas* foram isoladas de 10% dos casos com diarreia, mas raramente de controlos saudáveis. Os resultados de outros estudos de caso-controlo realizados nos EUA (Agger *et al.* 1985, Holmberg *et al.*1986) também apoiaram *a Aeromonas* como agente patogénico da diarreia.

A diarreia associada a *Aeromonas* spp. prevalece em todo o mundo. Mas existem relatórios de alguns países, tais como Tropical Queensland, Austrália, (Ashdown e Koehler 1993), Austrália Ocidental, Perth (Gracey *et al.* 1982), Bangladesh (Hossain *et al.* 1991,
Teka *et al.* 1999), Brasil (Guerrant *et al.* 1975), Canadá (Gurwith e Williams 1977), Inglaterra (Millership *et al.* 1983, Wilcox *et al.* 1992, Shread *et al.* 1981), Etiópia (Wadstrom *et al* 1976a), Índia (Chatterjee e Neogy 1972, Ram *et al.* 1991), Israel (Gluskin *et al.* 1992), Nigéria (Ogunsanya *et al.*1994), Peru (Pazzaglia *et al.* 1991), Suécia (Svenungsson *et al.* 2000), Tailândia (Pitarangsi *et al.* 1982) e EUA (Agger *et al.* 1985). As taxas de isolamento de *Aeromonas* spp. de espécimes de fezes de diferentes áreas geográficas são mostradas nas Tabelas 1.2 e 1.3.

1.2.4.1.1. Tipos de diarreia: As manifestações clínicas da diarreia associada a *Aeromonas* podem ser categorizadas em quatro tipos: a) diarreia aquosa aguda frequentemente com vómitos (Burke *et al.* 1983, Gracey *et al.* 1982), b) diarreia aguda caracterizada por sangue e muco nas fezes (Rahman e Willoughby 1980, Marsik e Werlin 1984), c) diarreia com duração superior a 10 dias (Baman 1980, Palfreeman *et al.* 1983), d) fezes aquosas de arroz (Champsaur *et al.* 1982, Gelbert *et al.* 1985). *As Aeromonas* spp. também podem causar diarreia do viajante (Gracey *et al.* 1984).

1.2.4.1.2. Diarreia dos viajantes: Os episódios de diarreia durante e depois de viajar por várias partes do mundo são designados por diarreia dos viajantes. Todos os anos ocorrem 20 a 56% de episódios de diarreia entre 1220 milhões de viajantes dos países industrializados para diferentes partes do mundo (DuPont *et al.* 1987, Black 1990). *A Escherichia coli* enterotoxigénica (ETEC) foi o agente bacteriano mais comum, juntamente com outros agentes bacterianos, virais e parasitários associados à diarreia dos viajantes (Black 1990). A diarreia dos viajantes apresenta uma variação sazonal de diferentes agentes etiológicos (Mattila *et al.* 1993).

A Aeromonas foi sugerida como um dos potenciais agentes associados à diarreia dos viajantes.

Echeverria e colaboradores (1981) suspeitaram inicialmente do papel etiológico das *Aeromonas* na diarreia dos viajantes. Encontraram diarreia em Voluntários do Corpo de Paz Americano (PCVs) na Tailândia. No seu estudo, *Aeromonas* foi isolada de 30% e 8,5% das fezes, respetivamente, de doentes com diarreia e de PCVs americanos saudáveis. Posteriormente, o isolamento de *Aeromonas* da diarreia dos viajantes foi ocasionalmente relatado (Rahman e Willoughby 1980, Speelman 1983) sem enfatizar o papel de *Aeromonas* como agente etiológico da diarreia dos viajantes. Posteriormente, Gracey *et al.* (1984) referiram pela primeira vez que *as Aeromonas* poderiam ser um agente etiológico da diarreia dos viajantes. Relataram oito casos de diarreia do viajante em que *A. hydrophila* foi isolada em cultura pura de fezes. Na Finlândia, *A. veronii* biótipo sobria (grupo de hibridação 8/10) e *A. caviae* (HG 4) foram isolados com maior frequência em episódios de diarreia do viajante *associados a Aeromonas* (Hanninen *et al.* 1995). Os sintomas da diarreia do viajante associada a *Aeromonas* também variam entre os pacientes (Yamada *et al.* 1997).

1.2.4.2. **Outras doenças humanas *associadas a Aeromonas*:** Para além da diarreia, *as Aeromonas* spp. estão associadas a uma série de infecções humanas importantes. Estas incluem: síndrome hemolítico-urémico (Bogdanovic *et al.* 1991, Robson *et al.* 1992, Fang *et al.* 1999), infeção ocular (Sire *et al.* 1990, Carta *et al.* 1994, Agulla *et al.* 1997, Lee *et al.* 1997), infeção de feridas (Newton e Kennedy 1993, Davis *et al.* 1993, Kienzle *et al.* 2000, Itoh *et al.* 1999), peritonite (Munoz *et al.* 1994, Ruiz de Gonzaler *et al.* 1994, Elcuaz *et al.* 1995), meningite (Parras *et al.*1993, Sarasqueta *et al.* 1998, Lin e Cheng 1998), infeção do trato respiratório (Spencker *et al.*1991, Hur *et al.*1995) e septicemia (Gupta *et al.* 1996, Chang *et al.* 1997, Steinfeld *et al.* 1998, Hoshina *et al.* 1999, Tabata *et al.* 1999).

Tabela-1.2. Taxa de isolamento de *Aeromonas* spp. de fezes diarreicas em alguns países

País	Taxa de isolamento	Referência
Austrália (Tropical Queensland)	4,9% em todas as idades	Ashdown e Koehler1993
Austrália (Oeste, Perth)	>10% crianças	Gracey *et al.* 1982
Bangladesh	6,5% crianças	Teka *et al.* 1999
Bangladesh	8,5% crianças	Hossain *et al.* 1991
Brasil	0	Guerrant *et al.* 1975
Canadá	<0,3% todas as idades	Gurwith e Williams 1977
Inglaterra	10,6% todas as idades	Millership *et al.* 1983
Inglaterra	8,5% todas as idades	Shread *et al.* 1981
Inglaterra	2,5% todas as idades	Wilcox *et al.* 1992
Etiópia	3,2% crianças	Wadstrom *et al* 1976a

Índia	4,9% todas as idades	Chatterjee e Neogy 1972
Índia	2,1% todas as idades	Ram *et al.* 1991
Israel	4% crianças	Gluskin *et al.* 1992
Nigéria	1,4% crianças	Ogunsanya *et al.* 1994
Peru	52,4% todas as idades	Pazzaglia *et al.* 1991
Suécia	2% adultos	Svenungsson *et al.* 2000
Tailândia	16,2% adultos	Pitarangsi *et al.* 1982
Estados Unidos da América	1,1% crianças	Agger *et al.* 1985

Indivíduos de todas as idades são afectados pela gastrite *associada a Aeromonas*. No entanto, as crianças são as mais afectadas (Gracey *et al.* 1982, Ogunsanya *et al.* 1994, Teka *et al.* 1999).

Tabela-1.3. Isolamento de *Aeromonas* spp. de fezes não diarreicas em alguns países

País	**Taxa de isolamento**	**Referência**
Austrália	0,7% crianças	Burke *et al.* 1983
Bangladesh	1,5% crianças	Hossain *et al.* 1991
Inglaterra	1,25% todas as idades	Shread *et al.* 1981
Inglaterra	3,3% todas as idades	Millership *et al.* 1983
França	0 adultos	Catsaras e Buttiaux 1965
França	0,7% crianças	Catsaras e Buttiaux 1965
Índia	0 todas as idades	Ram *et al.* 1991

Índia	0	Deodhar *et al.* 1991
Tailândia	10% adultos	Pitarangsi *et al.* 1982
Estados Unidos da América	3,2% todas as idades	von Graevenitz e Zinterhofer 1970
Estados Unidos da América	0	Agger *et al.* 1985

1.2.5. Mecanismos patogénicos:

A adesão é o primeiro passo na patogénese das *Aeromonas*, à semelhança de outros agentes patogénicos bacterianos, como o *Vibrio cholerae* (Finkelstein *et al.* 1983) e o *V. parahaemolyticus* (Oishi *et al.* 1979). A adesão de *Aeromonas* spp. é mediada por hemaglutinina, pilus, adesinas para ligação à matriz extracelular, etc.

1.2.5.1. Hemaglutinina: A hemaglutinação é amplamente utilizada como um indicador de adesão mediada por hemaglutinina(s). *As Aeromonas* spp. possuem hemaglutininas solúveis (Stewart *et al.* 1986) e associadas às células (HA), como as de *V. cholerae* (Finkelstein *et al.* 1983) e *V. parahaemolyticus* (Oishi *et al.* 1979). As hemaglutininas são classificadas em dois tipos: hemaglutinina solúvel e hemaglutinina associada às células.

1.2.5.2. Hemaglutinina solúvel (SHA): A HA que é detectada no sobrenadante da cultura sem células é designada por SHA. A SHA de *Aeromonas* partilha muitas propriedades com as de *V. cholerae* em termos de peso molecular, inibição de açúcar, sensibilidade a uma determinada temperatura, Ca^{++}, ou agentes redutores, etc. As SHA de *Aeromonas* e *Vibrio* também diferem umas das outras. Ao contrário da *V. cholerae*, a SHA da *Aeromonas* é deficiente em termos de atividade proteolítica (Stewart *et al.* 1986). Foi detectada em três espécies de *Aeromonas* (*A. sobria, A. hydrophila* e *A. caviae*). Mesmo as estirpes hemolíticas de *Aeromonas* spp. possuem SHA (Burke *et al.* 1984c).

1.2.5.3. Hemaglutinina associada às células (CAHA): A HA que não é libertada no sobrenadante de cultura sem células é designada por CAHA. Foram registados diferentes padrões de CAHA de *Aeromonas* spp. em relação a diferentes açúcares e fontes de eritrócitos (Atkinson e Trust 1980, Adams *et al.* 1983, Burke *et al.* 1984c, Crichton e Walker 1985). O padrão de hemaglutinação também varia consoante a fonte de isolamento de *Aeromonas*. A hemaglutinação resistente à fucose de eritrócitos do sangue do grupo O de humanos foi encontrada em 60% das *Aeromonas* isoladas de fezes não diarreicas, 86% dos isolados de fezes diarreicas e apenas 20% dos isolados do ambiente (Burke *et al.* 1984). Os isolados de *Aeromonas* provenientes de diarreia possuem hemaglutinina sensível à manose, em contraste com os isolados diarreagénicos de *Escherichia coli* resistentes à manose (Satterwhite *et al.* 1978). *As Aeomonas* possuem pili, mas a capacidade de hemaglutinação dos diferentes pili de *Aeromonas* é diferente (Atkinson e Trust 1980). Além disso, o potencial patogénico das *Aeromonas* não está correlacionado com um padrão de hemaglutinação específico de um isolado.

1.2.5.4. Adesão de linhas celulares de mamíferos: Para além da hemaglutinação, foi feita uma tentativa de correlacionar o potencial patogénico dos isolados *de Aeromonas* com a adesão de linhas celulares de mamíferos. A adesão da linha de células HEp-2 foi inicialmente utilizada como modelo para estudar a patogenicidade de *E. coli* (Tavendale e Old 1985). Posteriormente, Carrello *et al.* (1988) verificaram que este modelo era útil para estudar a infeção intestinal utilizando *Aeromonas* spp. isoladas de fontes clínicas e ambientais. Neves *et al.* (1994a) relataram tipos agregados de adesão de *Aeromonas* à linha celular HEp-2. Contrariamente a Neves *et al.* (1994a), Thornley *et al.* (1994) registaram um tipo de adesão agregada por estirpes de *A. caviae,* mas não examinaram os seus isolados para deteção de pili. No entanto, os isolados clínicos e ambientais não-piliados de *A. hydrophila* também aderiram à linha celular HEp-2 (Bartkova e Ciznar 1994). Os isolados ambientais de *A. hydrophila* apresentaram um tipo de adesão difusa, mas 50% dos isolados de *A. hydrophila* apresentaram um tipo de adesão localizada. A adesão de isolados de *A. hydrophila* não-piliados à linha celular HEp-2 correlacionou-se com a hidrofobicidade dos isolados (Bartkova e Ciznar 1994). No entanto, o padrão de adesão dos isolados *de Aeromonas* varia consoante as linhas celulares, os meios de cultura e a origem geográfica dos isolados (Neves 1994b).

1.2.5.5. Pili de *Aeromonas* spp: As estruturas filamentosas, mais finas e mais curtas do que os flagelos, que se projectam a partir da periferia da parede celular bacteriana, são designadas por pili. Também se designa por fímbrias. Este órgão ajuda as bactérias a colonizar uma determinada superfície. Foram registados no Japão cinco tipos diferentes de pili de *A. hydrophila* (Sato *et al.* 1989, Honma e Nakasone 1990, Ho *et al.* 1990, Hokama *et al* 1990) e um tipo de pili de *A. sobria* (Hokama e Iwanaga 1991). Estes pili foram morfologicamente diferenciados em rectos (Sato *et al.* 1989, Honma e Nakasone 1990, Ho *et al.* 1990) e flexíveis (Ho *et al.* 1990, Hokama *et al.* 1990, Hokama e Iwanaga 1991). Normalmente, o tipo flexível de pilus é hemaglutinante, mas os rectos não são hemaglutinantes. No entanto, o pilus da estirpe *A. sobria* ATP13 não é hemaglutinante. É flexível e adere apenas ao epitélio intestinal do coelho (Iwanaga e Hokama 1992). Destes 6 tipos de pili, o pilus Ael de *A. sobria* e o pilus Ae6 W de *A. hydrophila* estão associados à colonização do intestino.

Kirov e os seus colaboradores apresentaram relatórios sobre pili de *A. sobria* (Kirov *et al.* 1995 e 1996, Barnett *et al.* 1997) e de *A. caviae* (Kirov *et al.* 1998). Estes pili tinham tendência para formar feixes e são designados pili formadores de feixes (Bfp).

A sequência de aminoácidos N-terminal dos pili de *A. veronii* bv sobria (Barnett *et al.* 1997, Kirov *et al.* 1996) e *A. caviae* (Kirov *et al.* 1998) mostrou homologia com a sequência de aminoácidos publicada na região conservada dos pili de *A. sobria* Ae24 (Hokama e Iwanaga 1992), *A. sobria* ATP13 (Iwanaga e Hokama 1992), *A. sobria* Ae1 (Hokama e Iwanaga 1991), *A. hydrophila* Ae6 (Hokama *et al.* 1990), *A. trota* 1220 (Nakasone *et al.* 1996). Todos estes pili também mostraram homologia com a região conservada dos pili clássicos do tipo IV de *Pseudomonas aeruginosa* PAK, *Neisseria gonorrhoeae* MS11 e *Dichelobacter nodosus* (Barnett *et al.* 1997, Kirov *et al.* 1998). Assim, os Bfp de *Aeromonas* são também designados por pilus de tipo LV. Os Bfp são conservados em *Aeromonas* spp. (Barnett e Kirov 1999). Para além dos Bfp, *Aeromonas* produz outro tipo de pilus lV denominado TAP. Estes dois pili (Bfp e TAP) diferem um do outro na sua sequência de aminoácidos N-terminal e peso molecular.

As Bfp do tipo lV são importantes para a colonização (Kirov *et al.* 1999). Mas o papel dos Tap pili é menos importante para a colonização em comparação com os Bfp (Kirov *et al.* 2000). As Bfp de *A. caviae* CA195 são altamente adesivas à linha celular HEp-2 (Kirov *et al.* 1998).

1.2.5.6. Adesinas de *Aeromonas* para ligação à matriz extracelular: Os colagénios são a família de proteínas localizadas na matriz extracelular, como a fibronectina, o fibrinogénio, a lamelina elastina, etc. (Miller *et al.* 1987, Gulberg *et al.* 1989). A superfície celular de vários agentes patogénicos bacterianos possui receptores para esta matriz extracelular (Fitzgerald *et al.* 1984, Kastrzynska *et al.* 1989). Com estes receptores, os agentes patogénicos bacterianos aderem à matriz celular extracelular. Por conseguinte, a presença de receptores na parede celular bacteriana correspondentes a estas matrizes extracelulares foi proposta como potenciais factores de virulência (Speziale *et al.* 1986, Westerlund *et al.* 1989, Visai *et al.* 1990). A superfície celular das *Aeromonas* possui uma família de adesinas que se ligam a componentes da matriz extracelular das células dos mamíferos, como o colagénio (Ascencio *et al.* 1990) e a lactoferina (Kishore *et al.* 1991, Ascencio *et al.* 1992). Os receptores associados à parede celular de *Aeromonas* para ligação à matriz extracelular variam consoante a fonte de isolamento (Ascencio *et al.* 1991). As enzimas extracelulares, tais como as proteases, também afectam a ligação das células *de Aeromonas* ao tecido conjuntivo (Ascencio *et al.* 1991). Além disso, *as Aeromonas* podem ligar-se seletivamente ao colagénio tipo I, à membrana basal e ao colagénio tipo LV (*Ascencio *et al.* 1990). Além disso, *as Aeromonas* podem ligar-se seletivamente ao colagénio tipo I e à membrana basal do colagénio tipo IV (Ascencio *et al.* 1990).

1.2.5.7. Invasão: A apresentação clínica de sintomas semelhantes aos da disenteria em doentes com colite por *Aeromonas* (Rahman e Willoughly 1980) dá a entender que esta bactéria pode ser um organismo invasivo. Mas a estirpe de *Aeromonas* isolada de seres humanos não expressou propriedades invasivas no teste de Sereny (Johnson e Lior 1981). É possível que isso se deva ao facto de a ceratoconjuntivite da cobaia não ser um modelo adequado para testar a invasividade de *Aeromonas* spp. Quatro anos mais tarde, Lawson *et al.* (1985) demonstraram com êxito a invasão de células HEp-2 por estirpes de *A. hydrophila* isoladas de doentes com sintomas semelhantes aos da disenteria. Estas estirpes invasoras de *A. hydrophila* continham um plasmídeo de seis megadaltos. Estas estirpes podiam manter as suas propriedades invasivas mesmo depois de curar os plasmídeos de elevado peso molecular. Assim, Lawson *et al.* (1985) concluíram que a invasividade *da A. hydrophila* é mediada por um gene localizado no cromossoma.

1.2.6. Plasmídeo: Está estabelecido que as propriedades associadas à virulência das *Aeromonas*, como a enterotoxina citolítica (P-hemolisina), as propriedades invasivas, os pili do tipo IV, etc., são mediadas por genes localizados no cromossoma (Lawson *et al.* 1985, Husslein 1988, Pepe *et al.* 1996). Mas outros factores patogénicos, como a mini pilina (Ho *et al.* 1992), a toxina tipo Shiga (Haque *et al.* 1996), a adesão à linha celular e a produção de hemolisina (Hanes *et al.* 1993) são codificados por genes localizados nos plasmídeos. Um estudo recente de Brown *et al.* (1997) indica que muito poucos isolados de *Aeromonas* são portadores de plasmídeo(s) (16%) e que os plasmídeos são mais comuns em isolados ambientais de A. *veronii* biovar sobria do que em isolados clínicos da mesma espécie.

1.2.7. Enterotoxina: A ideia inicial da enterotoxina de *Aerononas* foi desenvolvida no final dos anos oitenta, quando uma cultura viva de isolados de *Aeromonas* de doentes diarreicos podia induzir a acumulação de fluido como resultado da sua injeção na ansa ileal do coelho (RIL) (Sanyal *et al.* 1975). Esta descoberta forneceu uma ideia preliminar do potencial enterotóxico desta bactéria. Subsequentemente, a produção da natureza extracelular e termolábil da enterotoxina de *Aeromonas* foi registada independentemente na Suécia (Wadstrom *et al.* 1976a) e na Índia (Annapurna e Sanyal 1977). Foram registados isolados de *Aeromonas* spp. produtores de enterotoxinas em peixes (Boulanger *et al.* 1977), suínos (Dobrescu 1978), água salobra (Kaper *et al.* 1981) e em mergulhadores do rio Anacostia (Seidler *et al.* 1980). A enterotoxicidade da toxina de *Aeromonas* foi testada nas alças intestinais de coelho, rato e ratinho (Ljungh e Kronevi 1982a). A enterotoxina pode ser produzida em meios sintéticos na fase logarítmica tardia do crescimento (Wadstrom *et al.* 1976b). O seu ponto isoelétrico e peso molecular foram estimados em 4,0-5,7 e 15 000-20 000, respetivamente (Ljungh *et al.* 1978). É estável numa vasta gama de pH entre 4,5 e 10, mas é mais ativa em condições alcalinas (Duby e Sanyal 1978). A enterotoxina é completamente destruída por uma papina semelhante a uma enzima, mas é parcialmente destruída por tripsina ou pronase (Ljungh *et al.*1981). As estirpes de *Aeromonas* podem perder o potencial enterotoxigénico quando armazenadas em condições laboratoriais, mas a passagem repetida em RIL pode ajudar a recuperar o potencial enterotoxigénico (Annapurna e Sanyal 1977). Esta observação foi também confirmada por Ljungh e Kronevi (1982a). O plasmídeo não foi detectado em estirpes de *Aeromonas* enterotoxigénicas. Isto indica que a produção de enterotoxina *de Aeromonas* não é mediada por plasmídeo (Cumberbatch *et al.* 1979).

A enterotoxina de *Aeromonas* spp. inibe a síntese de esteróides na linha celular adrenal Y1 (Ljungh *et al.* 1982b). Esta toxina aumenta o conteúdo intracelular de monofosfato de adenosina cíclica (cAMP) sem afetar o monofosfato de guanosina cíclica (cGMP) (Ljungh e Wadstrom 1979). Do mesmo modo, no RIL, a enterotoxina *de Aeromonas* aumentou o conteúdo de cAMP (Duby *et al.*1980). Os inibidores das prostaglandinas, como a indometacina e a fenilbutazona, que normalmente inibem a secreção de fluidos induzida pela toxina da cólera, não interferiram na secreção de fluidos induzida pela toxina *de Aeromonas* no RIL (Duby *et al.* 1980, Ljungh e Kronevi 1982a). Por outro lado, a clorpromazina, que normalmente inibe tanto a toxina da cólera como as toxinas **termolábeis** (LT) e termoestáveis (ST) *da E. coli*, inibe cerca de 40% menos a secreção de fluidos no intestino de ratinhos e ratos tratados com enterotoxina de *Aeromonas* (Ljungh e Kronevi 1982a).

A enterotoxina *de Aeromonas*, tal como a enterotoxina *de E. coli*, induz a secreção de fluidos nas BAL relativamente mais depressa do que a toxina da cólera (Ljungh e Kronevi 1982a). Não há diferenças significativas nos teores de electrólitos e de albumina no líquido segregado pelas BALR tratadas com toxina da cólera e enterotoxina *de Aeromonas* (Streinberg *et al.* 1975, Ljungh e Kronevi 1982a). A exposição de seis horas à toxina da cólera (Polotsky *et al.* 1977) e à enterotoxina de *Aeromonas* em RIL (Annapurna e Sanyal 1977) induziu a secreção de fluido sem danos na mucosa. Estes resultados sugerem que a secreção induzida pela enterotoxina *de Aeromonas* é mediada por cAMP.

1.2.7.1. Classificação das enterotoxinas *de Aeromonas*:

As enterotoxinas *de Aeromonas* foram classificadas em citotónicas e citotóxicas (citolíticas) com base no seu efeito nas linhas celulares Y1 e HeLa. Keusch e Donta (1975) propuseram inicialmente esta classificação.

1.2.7.1.1. Enterotoxina citotónica (CE): A purificação da EC de aeromonad foi realizada por Duby *et al.* (1980), mas não conseguiram calcular o seu peso molecular e ponto isoelétrico. Posteriormente, a natureza da EC foi caracterizada por Ljungh *et al.* (1981, 1982b). Separaram a enterotoxina de *A. hydrophila* da hemolisina por focalização isoeléctrica e filtração em gel. Esta toxina mostrou o arredondamento das células (sem matar), a estimulação da síntese de AMPc e a secreção de esteróides pela linha celular Y1 e a estimulação da acumulação de fluidos na RIL. Todas estas propriedades caraterísticas da enterotoxina *de A. hydrophila* corresponderam às propriedades da EC inicialmente propostas por Keusch e Donta (1975). O peso molecular da EC de *A. hydrophila* é de 15.000 dalton e o ponto isoelétrico situa-se entre 4,2 e 4,6. A atividade biológica desta toxina não foi afetada quando aquecida a 56° C durante 10 minutos. A EC de *A. hydrophila* não tinha qualquer relação antigénica com a toxina da cólera (Ljungh *et al.* 1981; Ljungh *et al.* 1982b). A EC de *Aeromonas* foi ainda caracterizada através da clonagem deste gene de *A. hydrophila* em *E.* coli. A enterotoxina deste gene clonado podia alongar a linha de células CHO e induzia a acumulação de fluido em RIL. Estas propriedades não foram afectadas quando esta toxina foi aquecida a 56° C durante 20 minutos. Esta toxina também era distinta da toxina da cólera e da enterotoxina *de E. coli* (Chakraborty *et al.* 1984).

1.2.7.1.2. Enterotoxina citotóxica: Outras propriedades das enterotoxinas de *Aeromonas* satisfazem todos os critérios da enterotoxina citotóxica, tal como definidos por Keusch e Donta (1975). Estas propriedades são: arredondamento das células antes da morte e acumulação de fluido no RIL. A natureza citotóxica da enterotoxina de *Aeromonas* foi inicialmente registada por Cumberbatch *et al.* (1979) e Johnson e Lior (1981). Posteriormente, Asao *et al.* (1984) purificaram a enterotoxina de *A. hydrophila* e estudaram a sua atividade biológica para reconfirmar a sua natureza citotóxica. Verificou-se que esta toxina era hemolítica e induzia atividade citotóxica na linha celular Vero e acumulação de fluidos em RIL.

Esta toxina tinha um peso molecular de 50.000 dalton, pontos isoeléctricos de 5,43, 5,41, 5,28 e 5,58. Foi inactivada por aquecimento a 56° C durante 5 minutos (Asao *et al.* 1984). Esta toxina foi subsequentemente provada como sendo B-hemolisina (Stelma *et al.* 1986).

1.2.7.1.3. Outras toxinas: Para além da citotoxina e da enterotoxina citotónica, as aeromonas produzem factores de reação cruzada com a toxina da cólera e toxinas do tipo Shiga. Estas toxinas são também consideradas como factores patogénicos.

1.2.7.1.3.1. Factores de reação cruzada cólera-toxina: A antitoxina da cólera neutralizava ocasionalmente a atividade biológica da enterotoxina de alguns isolados de *Aeromonas* spp. Esta enterotoxina não é uma verdadeira toxina da cólera. Por conseguinte, Campbell e Houston (1985) cunharam o termo "fator de reação cruzada à toxina da cólera (CTC)" para designar este tipo de enterotoxina de aeromonas. Equipas de investigação do Japão (Shimada *et al.* 1984, Honda *et al.* 1985), da Austrália (James *et al.* 1982) e dos EUA (Campbell e Houston 1985) comunicaram este tipo de enterotoxina de *Aeromonas*. A CTC tem um peso molecular de 52 000 dalton. A sua atividade biológica é de natureza citotóxica e não citotónica.

1.2.7.1.3.2. Toxina do tipo Shiga: A toxina do tipo Shiga (SLT) é um dos factores de virulência associados à infeção entérica. Para além da *Shigella dysenteriae* (O'Brien *et al.* 1982), a SLT foi detectada em *E. coli* (Cleary *et al.* 1985) e em isolados clínicos e ambientais de *Vibrio cholerae* e *V. parahaemolyticus* (O'Brian *et al.* 1984). O SLT foi detectado em isolados ambientais e diarreicos de *Aeromonas* spp. (Haque *et al.* 1996). Foi identificado um gene SLT homólogo de *E. coli* no ADN plasmídico isolado de três estirpes *de Aeromonas* (Haque *et al.* 1996).

1.2.7.1.3.3. Hemolisinas: Inicialmente, Caselitz (1966) sugeriu dois tipos distintos de hemolisinas produzidas por estirpes de *Aeromonas*. Posteriormente, Wadstrom *et al.* (1976b) e Ljungh *et al.* (1981) confirmaram a existência de dois tipos de hemolisina produzidos por este organismo. Trata-se das hemolisinas a e P.

1.2.8.1. a-hemolisina: Trata-se de um tipo de hemolisina que induz a lise incompleta dos eritrócitos numa placa de ágar-sangue. As células de fibroblastos marcadas radioactivamente libertam marcadores de grande peso molecular quando expostas à a-hemolisina. Esta hemolisina também induziu o arredondamento das células e o desvanecimento dos núcleos dos fibroblastos (Thelestam e Ljungh 1981). A a-hemólise induz alterações morfológicas e a permeabilidade da membrana das células são caraterísticas reversíveis. A ação desta toxina é restrita à membrana. No entanto, o papel da a-hemolisina não é muito claro na patogénese da diarreia associada a *Aeromonas* spp. (Ljungh e Wadstrom 1985).

1.2.8.2. P-hemolisina: É o segundo tipo de hemolisina, que induz a lise completa dos eritrócitos numa placa de ágar-sangue. É termolábil por natureza e tóxica para uma variedade de linhas celulares, tais como CHO, Y1 adrenal e Heal (Lung e Windstorm 1985). O citoplasma fica vaculado e os núcleos são claramente visíveis quando as células são expostas à P-hemolisina (Boulanger *et al.* 1977). A P-hemolisina induziu a libertação de marcadores de baixo peso molecular de células de fibroblastos marcadas e reteve marcadores de alto peso molecular (Thelestam e Ljungh 1981).

A P-hemolisina pode ligar-se igualmente às glicoproteínas dos eritrócitos humanos e murinos (Howard e Buckley 1982). A lise de células deficientes em glicoproteínas ocorreu em resultado da interação da P-hemolisina com as bicamadas lipídicas. Além disso, a P-hemolisina é letal para pequenos animais de laboratório (Ljungh e Kronevi 1982a). A P-hemolisina purificada não induziu a acumulação de fluidos em RIL, mas uma grande quantidade de P-hemolisina induziu necrose hemorrágica, edema, infiltração de neutrófilos, etc. Para além disso, a P-hemolisina induziu a secreção de albumina e de cálcio em resultado da lesão da mucosa (Ljungh e Kronevi 1982a). A P-hemolisina purificada inibiu a síntese de esteróides e de AMPc na adrenal Y1 e noutras células intestinais (Ljungh *et al.* 1982b). Por fim, Ljungh e Wadstrom (1985) concluíram que nem a a nem a P-hemolisina são um fator de virulência na doença dirrhral.

As propriedades patogénicas da P-hemolisina foram elucidadas por Stelma e colaboradores (1986). Eles mostraram a acumulação de fluido em RIL por 16 de 19 filtrados de cultura (CF) de estirpes P-hemolíticas de *A. hydrophila*, mas os CF de estirpes não hemolíticas desta bactéria não induziram a acumulação de fluido em RIL. Assim, Stelma *et al.* (1986) concluíram que as estirpes P-hemolíticas de *A. hydrophila* são capazes de induzir a permeabilidade intestinal na ausência de enterotoxina citotóxica.

Um trabalho recente de Wang *et al.* (1999) forneceu mais provas em apoio da P-hemolisina como fator patogénico. Este grupo descobriu um recetor para a P-hemolisina de *A. sobria* na superfície da linha celular embrionária intestinal humana conhecida como linha celular 407 e, subsequentemente, afirmou que a P-hemolisina desempenha um papel importante na patogénese da diarreia humana.

1.2.8.3. CAMP-hemolisina: O termo CAMP ou CAMP-like test foi utilizado para designar a atividade hemolítica sinérgica de *Staphylococcus aureus*. Este termo foi cunhado a partir das letras iniciais dos nomes de três autores pioneiros: Christie, Atkins e Munch-Petersen (1944). A CAMP-hemolisina é uma enzima conhecida como esfingomielinase C que hidrolisa a esfingomielina. É também conhecida como aQ -toxina de *S. aureus*. A esfingomielinase C de *S. aureus* pode interagir com quelantes (Smyth *et al.* 1975), com a fosfolipase C de *Bacillus cereus* (Colley *et al.* 1973) e com *Listeria monocytogenes* (Skalka *et al.* 1982) para provocar a lise completa dos eritrócitos.

A deteção de CAMP-hemolisina foi utilizada para diferenciar *Aeromonas* spp. mesófilas móveis (Figura e Guglielmetti 1989). A presença ou ausência de oxigénio durante a incubação afectou a produção de CAMP-hemolisina em diferentes espécies de *Aeromonas* (Altwegg *et al.* 1990). Pensou-se que a deteção de CAMP-hemolisina era um marcador útil para diferenciar *A. hydrophila* e *A. veronii* bv sobria (ambas positivas) de *A. caviae* (negativa) (Carnahan *et al.* 1991c). Atualmente, é evidente que a deteção da CAMP-hemolisina não pode ser utilizada para diferenciar qualquer uma das três espécies (Gubash 1997). A natureza da CAMP-hemolisina de *Aeromonas* é ainda desconhecida. No entanto, o papel da CAMP-hemolisina na patogenicidade de *Aeromonas* ainda não foi elucidado.

1.2.8.4. Bacteriocina: Os metabolitos bacterianos extracelulares inibem ocasionalmente o crescimento da mesma bactéria ou de bactérias relacionadas. Estes metabolitos bacterianos antagónicos são conhecidos como bacteriocinas (Puma *et al.* 1990, Lindquist e Emilson 1991, Mechan *et al.*1991). As bacteriocinas são proteínas elaboradas por diferentes espécies bacterianas. Diferem em termos de propriedades químicas, gama de hospedeiros e modo de ação (Hardly 1975, Tagg *et al.* 1976, Konisky 1982). A excreção de bacteriocina pode ser um fenómeno natural de supressão de uma população bacteriana por outras para um determinado nicho ecológico. Foi registada a produção de bacteriocinas por *Aeromonas* (Sundraraj *et al.* 1994). A bacteriocina *de Aeromonas* apresenta um efeito antagonista contra *Vibrio cholerae* não O1, *Escherichia coli* e estirpes homólogas de *Aeromonas* spp.

1.2.8.5. Enzimas: Para além das enterotoxinas, as aeromonas produzem diferentes enzimas associadas à virulência (Holder e Haidaris 1979, Janda e Bottone 1981). Waltman *et al.* (1982) investigaram a capacidade das estirpes de *A. hydrophila* isoladas de diferentes fontes para produzir variedades de enzimas utilizando o sistema API 20 zym. Conseguiram detetar diferentes enzimas, como a caprilato esterase-lipase, a leucina amino peptidase, a fosfatase ácida, a fosfoamidase e a N-acetil-P-glucosaminidase. Os isolados mostraram variabilidade no que respeita à produção de outras enzimas, tais como fosfatase alcalina, butirato esterase, miristato
lipase, tripsina, P-galactosidase, a-glucosidase e P-glucosidase (Waltman *et al.* 1982).

Utilizando o kit API 20 zym, Rahim *et al.* (1991) detectaram 14 enzimas diferentes, tais como fosfatase alcalina, esterase, esterase lipase, lipase, leucina arilamidase, valina arilamidase, cistina arilamidase, tripsina, fosfatase ácida, fosfoamidase, P-galactosidase, a-glucosidase, P-glucosidase, N-acetil-P-glucosidase, mas Rahim *et al.* (1991) não conseguiram detetar outras enzimas, tais como a quimotripsina, a P-galactosidase, a-glucosidase, a-manosidase e a-fucosidase. Esta observação foi coerente com as conclusões de Ljungh *et al.* (1977) e Waltman *et al.* (1982). No entanto, Rahim *et al.* (1991) mostraram uma diferença significativa entre as estirpes de *A. hydrophila* isoladas de águas superficiais e de peixes no que respeita a três enzimas, tais como a cistina arilamidase ($P<0,05$), a-glucosidase ($P<0,01$) e P-glucosidase ($P<0,05$).

1.2.10.1. Protease: As estirpes de *Aeromonas* spp. produzem consistentemente protease. Foi registada a produção de pelo menos uma protease termolábil (Riddle *et al.* 1981, Buckley *et al.* 1981), mas o papel da protease *de Aeromonas* não foi elucidado. A infeção experimental de peixes com metabolitos extracelulares de *Aeromonas* spp. induziu lesões semelhantes às da infeção natural. Os metabolitos extracelulares de mutantes de Aeromonas spp. deficientes em protease apresentaram maior toxicidade nos peixes (Allan e Steven 1981). Isto indica que (1) ou a protease não é um fator de virulência ou (2) a protease de Aeromonas spp. inativa o(s) fator(es) de virulência desta bactéria, que são excretados nos meios de cultura. Além disso, Hsu e colaboradores (1981) correlacionaram a produção de elastase e enzimas estafilolíticas com as propriedades de virulência de *Aeromonas* spp.

Khashe *et al.* (1996) avaliaram a potencialidade patogénica da protease e da elastase em estirpes de baixa e alta virulência de Aeromonas spp. Verificou-se que as estirpes altamente virulentas produziam uma atividade proteolítica oito vezes mais elevada em meio líquido do que as estirpes de Aeromonas de virulência moderada a baixa. Do mesmo modo, a atividade de elastase foi também mais proeminente nas estirpes altamente virulentas do que nas estirpes patogénicas de Aeromonas de baixa a moderadamente baixa. Chang *et al.* (1997) clonaram o gene que codifica a protease extracelular de *A. hydrophila* para estudar o gene a nível molecular.

1.2.10.2. Outras enzimas: Várias outras enzimas, tais como a piraminidase (Carnahan et al. 1990, Altwegg et al. 1991), a serina protease (Huselein et al. 1991, Rivero *et al.* 1991), a lipase (Chuang et al. 1997), metaloprotease (Toma et al. 1999, Kawakami *et al.* 2000), arilamina N-acetiltransferase (Chung et al. 1998), fosfoamidase (Merino *et al.* 1999), elastase (Cascon *et al.* 2000), etc.

1.1.11. Sideróforos: O crescimento bacteriano requer ferro solúvel como um dos nutrientes essenciais necessários para muitos processos biológicos do organismo, incluindo a cadeia de transporte de electrões e também como co-fator de enzimas. (Neilands 1981). Em condições de limitação de ferro, quer no hospedeiro quer no ambiente, as bactérias produzem compostos quelantes de ferro de baixo peso molecular. Estes compostos são conhecidos como sideróforos (Neilands 1981). Assim, os sideróforos actuam como agentes extracelulares para solubilizar o ferro de minerais e compostos orgânicos em condições de limitação de ferro. As células bacterianas possuem receptores de membrana específicos e um sistema de transporte que reconhece o complexo ferro-sideróforo para internalização e subsequente utilização pelos microrganismos (Ames 1986). Crosa (1989) fez uma revisão pormenorizada do mecanismo molecular da produção de sideróforos.

Diferentes bactérias produzem sideróforos (Neilands 1981). De igual modo, a amnobctina, um novo sideróforo, foi registada em *A. hydrophila.* (Barghouhti *et al.* 1989). Este novo sideróforo é produzido em duas formas: amnobactina T que contém triptofano e amnobactina
P que contém fenilalanina. Tanto a amnobactina T como a P, biologicamente activas, são produzidas simultaneamente ao longo do ciclo de vida da *A. hydrophila.*

Os isolados clínicos (diarreia) e ambientais (água de lago) de *A. hydrophila* podem produzir sideróforos. Os isolados clínicos produzem maiores quantidades de sideróforos do que os isolados ambientais. A produção de sideróforos não é afetada após a cura do plasmídeo das estirpes hospedeiras (Naidu e Yadav 1997). Diferentes isolados de *Aeromonas* de peixes produzem diferentes quantidades de sideróforos e hemolisina (Santos *et al.* 1999). Em condições de limitação de ferro, algumas estirpes de *Aeromonas* produzem proteínas de peso molecular diferente, para além de sideróforos. Estas proteínas não são produzidas normalmente em meios que contêm ferro (Alavandi e Ananthan 2000).

1.1.12. Camada S: A camada paracristalina, que se encontra na periferia da membrana externa da parede celular bacteriana, é conhecida como camada superficial ou camada S. É composta por diferentes subunidades proteicas e pode ser facilmente identificada em secções finas de células bacterianas examinadas ao microscópio eletrónico de transmissão. As estirpes que possuem a camada S autoaglutinam-se ou agregam-se em caldo após a ebulição (Kokka *et al.* 1991). A camada S foi detectada em A. *hydrophila* e A. *hydrophila* bv *veronii* (Paula *et al.* 1988, Kokka *et al.* 1991). Outros microrganismos patogénicos que possuem a camada S são: *Clostridium botulinum*, *A. salmonicida*, e *Campylobacter fetus* subspp. Fetus, *Mycobacterium bovis*, e *Campylobacter* (Wolinella) *reta* (Messner e Sleytr 1992, Kobayashi *et al.* 1993) mas o papel da camada S na patogénese de *Aeromonas* não foi elucidado.

A camada S proporciona proteção contra estirpes de *Aeromonas* a partir da atividade bactericida de 65% de soro humano agrupado (PHS). Estas estirpes são moderadamente patogénicas para os ratos. As estirpes com camada S possuem padrões definidos de lypopolysaccharide (LPS). Por outro lado, as estirpes negativas da camada S são susceptíveis à lise mediada pelo complemento e são pouco patogénicas para os ratos.
As estirpes negativas da camada S possuem uma cadeia lateral de polissacárido O distinta, que é claramente visível no LPS corado com prata (Paula *et al.* 1988).

A revisão da literatura supramencionada sobre *Aeromonas* spp. sugere que este organismo está distribuído em diversos nichos ecológicos. São agentes patogénicos importantes de diferentes animais, incluindo os seres humanos. No Bangladesh, foram realizados estudos muito limitados *sobre Aeromonas.* Os estudos *relacionados com Aeromonas* no Bangladesh centraram-se principalmente no isolamento de *Aeromonas* spp. de amostras de água de lagoas (Islam *et al.* 1992), rios e lagos (Parveen *et al.* 1995), doentes com diarreia e controlos saudáveis (Hossain *et al.* 1991), peixes infectados (Rahim *et al.* 1984, 1985) e camarões (Rahim e Aziz 1994). No entanto, não houve qualquer tentativa de estudar o impacto dos parâmetros físico-químicos da água na densidade de *Aeromonas*, na deteção de fagos e pili de *Aeromonas* e na avaliação do potencial patogénico de estirpes de *Aeromonas* spp. positivas e negativas em termos de genes de enterotoxinas citotóxicas isoladas das amostras de água e de lentilha-d'água (planta aquática) e de peixe.

1.3. OBJECTIVOS

É evidente, a partir da revisão da literatura acima referida, que *a Aeromonas* é um importante agente patogénico, que está associado a infecções intestinais e extra-intestinais dos seres humanos. Pode infetar animais domésticos e aquáticos. A densidade de *Aeromonas* spp. flutua com a variação dos parâmetros físico-químicos da água. Os seres humanos e os animais aquáticos, incluindo os peixes, adquirem a infeção por *Aeromonas* a partir de águas poluídas. Os peixes *infectados com Aeromonas* apresentam sintomas de doença, tais como furunculose, doença da ferida vermelha, síndrome da doença ulcerosa, etc. A água das maternidades infestada com *Aeromonas* induz a mortalidade dos alevins e resulta em enormes perdas económicas para a indústria piscícola. Assim, é importante monitorizar e controlar o crescimento de *Aeromonas* spp. na água das pisciculturas. Por conseguinte, o presente estudo foi realizado com os seguintes objectivos

a) para avaliar a abundância de *Aeromonas* spp. em plantas aquáticas, água e brânquias e conteúdo intestinal de peixes de zonas com e sem águas residuais.
b) para monitorizar os parâmetros físico-químicos da água e correlacioná-los com a densidade de *Aeromonas* spp. nas plantas aquáticas, na água e nas brânquias e conteúdo intestinal dos peixes de zonas com e sem águas residuais.
c) para especificar isolados de aeromonadas de plantas aquáticas, água e brânquias e conteúdo intestinal de peixes.
d) para testar a atividade hemolítica de isolados de *Aeromonas* spp.
e) para medir a densidade de fagos de *Aeromonas* em amostras de água e sedimento de lagoas contaminadas e não contaminadas por esgotos.
f) para detetar o gene da enterotoxina citotóxica (*act*) de isolados de *Aeromonas* spp.
g) para detetar enterotoxicidade, citotoxicidade, atividade hemolítica, hemolisina do tipo CAMP e resistência a medicamentos entre isolados geneticamente positivos e negativos de *Aeromonas* spp.
h) estudar os factores que afectam a produção de enterotoxina citotóxica (Act) por uma estirpe de *A. sobria* com o gene *act*.

Capítulo 2

2. DISTRIBUIÇÃO DE *AEROMONAS* SPP. EM PLANTAS AQUÁTICAS, ÁGUA E PEIXES

2.1. INTRODUÇÃO

As espécies de *Aeromonas* são flora autóctone de ambientes aquáticos. As espécies pertencentes a este género estão distribuídas em diversos nichos ecológicos. Nos ecossistemas aquáticos, a densidade de *Aeromonas* varia com a variação sazonal (Fliermans *et al.* 1977). As estirpes de *Aeromonas* spp. foram isoladas de água salobra (Kaper *et al.* 1981), água doce (Rippey e Cabelli 1979), água doméstica (Burke *et al.* 1984a, 1984b), águas residuais (Hassani *et al.* 1992), lagoas de estabilização (Boussaid *et al.* 1991), estações de purificação de águas residuais (Stecchinis e Domenis 1994), conteúdo intestinal de peixes ribeirinhos (Sugita *et al.* 1995), etc. Foram comunicadas infecções *associadas a Aeromonas* em vários animais aquáticos, tais como golfinhos de nariz de garrafa (Cusic e Bullock 1973), bacalhau (Larsen e Jansen 1977), jacarés (Shotts *et al.* 1972, Gorden *et al.* 1979) e o seu isolamento de peixes saudáveis e moribundos (Leblance *et al.* 1981). Além disso, *as Aeromonas* spp. podem causar doenças ulceradas nos peixes (Rahim *et al.* 1984) e septicemia em peixes dourados (Merino *et al.* 1988). Suspeita-se que *Aeromonas* tenha sido o provável agente causador da epizootia de peixes na Tailândia em 1982 (Sukroongreung *et al.* 1983). Assim, é um dos agentes patogénicos importantes para os peixes e pode afetar negativamente a piscicultura.

Os parâmetros físico-químicos da água afectam a distribuição de aeromonadas num ambiente aquático (Kaper *et al.* 1981). A ocorrência de aeromonadas em água potável clorada foi registada no Canadá (Clark *et al.* 1982), nos Estados Unidos da América (Le Chevallier *et al.* 1982) e na Índia (Sen e Jacob 1969). O isolamento de
Aeromonas spp. foi também registada no abastecimento de água clorada e não clorada da Austrália (Burk *et al.* 1984a, 1984b). Presença de *A. hydrophila* no abastecimento de água metropolitano
correlacionada com o isolamento deste agente patogénico de fezes diarreicas na Austrália (Burke *et al.* 1984a).

Aeromonas é um dos agentes importantes associados à diarreia (Kuijper *et al.* 1991, Teka *et al.* 1999). A diarreia associada a *Aeromonas* spp. é geralmente ligeira e auto-limitada (Holmberg e Farmer 1984). No entanto, a diarreia aquosa do tipo cólera (Champsaur *et al.* 1982), bem como a síndrome do tipo disenteria (Rahman e Willoughby 1980) estão associadas à infeção por aeromonas. Além disso, *Aeromonas* spp. foram incriminadas como estando associadas à infeção de feridas (Kienzle e Muller 2000), artrite (Roux *et al.* 2000) e úlcera da córnea (Carta *et al.* 1994). Esta bactéria pode causar doenças humanas potencialmente fatais, tais como septicemia (Tabata *et al.* 1999), meningite (Lin e Cheng 1998), síndroma hemolítico-urémico (Fang *et al.* 1999), etc.

As Aeromonas spp. produzem vários metabolitos extracelulares associados à virulência, tais como a enterotoxina (Chopra e Houston 1999), a citotoxina (Alavandi *et al.* 1999), a hemolisina (Fujii *et al.* 1999), etc. O gene da citotoxina de *A. hydrophila* foi clonado e provou conclusivamente o seu papel na patogenicidade da infeção entérica (Chakraborty *et al.* 1984). Além disso, *as Aeromonas* spp. produzem outros factores associados à virulência putativa, tais como pili rectos (Sato *et al.* 1989) e flexíveis (Ho *et al.* 1990), proteína de ligação ao colagénio (Gullberg *et al.* 1989), hemaglutinina (Majeed e Macrae 1994). O papel patogénico de todos estes factores foi provado experimentalmente.

No Bangladesh, foram isoladas estirpes de Aeromonas spp. de peixes com úlceras (Rahim *et al.* 1984), de vários componentes de um ecossistema de lago (Islam *et al.* 1992), de camarões de água doce (Rahim e Aziz 1994), de lagos e rios (Parveen *et al.* 1995), etc. O presente estudo foi realizado numa exploração de piscicultura à base de lentilha de água com duas áreas: águas residuais e não residuais. O DW cultivado nos tanques de estabilização de águas residuais foi usado como alimento nos tanques de peixes da área de águas residuais. Na área sem águas residuais, a água doce cultivada com fertilizante químico foi usada como alimento nos tanques de peixes da área sem águas residuais. Para avaliar os perigos associados às *Aeromonas* na alimentação dos peixes em piscicultura, comparou-se a abundância de *Aeromonas* na água, nas brânquias e no conteúdo intestinal dos peixes de ambas as áreas. Para além disso, foi também estudada a incidência de doenças dos peixes e a correlação dos parâmetros físico-químicos da água com a abundância de *Aeromonas* na água, na água residual, nas brânquias e no conteúdo intestinal dos peixes.

2.2. MATERIAIS E MÉTODOS

2.2.1. Local e calendário de amostragem: Os locais de amostragem situavam-se no campus do Hospital Kumudini de Mirzapur Thana, distrito de Tangail, no Bangladesh. Fica a cerca de 60 km a norte de Dhaka, a capital do Bangladesh. A exploração piscícola tinha duas áreas: águas residuais e águas não residuais. Na primeira semana de cada mês, foram colhidas amostras de DW (*Lemna minor*), água e peixe durante um período de 12 meses, de agosto de 1994 a julho de 1995, em ambas as áreas, para análise microbiológica de *Aeromonas* spp.

2.2.2. Área de águas residuais: Uma lagoa de estabilização primária (60mx60 m, 0,9 m de profundidade), seis lagoas de tratamento de águas residuais baseadas em DW (575m x 9m, 0,9 m de profundidade cada) e três lagoas de peixes (60m x 60m, 0,9m de profundidade cada) foram localizadas nesta área. Seis lagoas de tratamento de águas residuais baseadas em DW foram escavadas e ligadas em ziguezague para assegurar um fluxo lento de águas residuais para estas lagoas. As águas residuais não tratadas foram bombeadas para o primeiro tanque de tratamento de águas residuais baseado em DW para assegurar um fluxo gradual até ao sexto tanque, que foi ligado a um rio através de um tubo de plástico de 3,0 polegadas (Fig. 2.1). Quando consideradas seguras do ponto de vista químico e bacteriológico, as águas residuais tratadas foram autorizadas a passar para o rio. Na área de águas residuais, foram regularmente recolhidas amostras do tanque de águas residuais não tratadas, de três dos seis tanques de tratamento de águas residuais com DW e de três tanques de peixes para análise microbiológica de aeromonadas.

2.2.3. Área sem águas residuais: Quatro tanques de cultivo de peixes e 59 tanques de cultivo de água doce (9,5m x 60m cada) foram localizados nesta área (Fig.2.1). Nestes tanques foi cultivada água doce alimentada com fertilizante químico. A água doce foi depositada nos tanques de peixes como alimento para os peixes. Dois dos 59 tanques de cultivo de água doce e dois dos quatro tanques de cultivo de peixes foram arbitrariamente selecionados da área sem águas residuais para o isolamento de *Aeromonas* spp.

2.2.4. Recolha de amostras: Foram recolhidos 500 ml de água em garrafas de plástico Nalgene préesterilizadas de dois dos 59 tanques de cultivo de água doce e de dois dos quatro tanques de cultivo de peixes da zona sem águas residuais. Um volume igual de água foi recolhido num recipiente semelhante do tanque de águas residuais não tratadas, de três dos seis tanques de tratamento de águas residuais com base em água doce e de dois tanques de peixes da área de águas residuais. Quinhentos g (peso húmido) de água doce foram recolhidos em sacos de polietileno de dois dos 59 tanques de cultivo de água doce e de dois dos quatro tanques de peixes da zona sem águas residuais. A mesma quantidade de água doce foi recolhida em contentores semelhantes em três dos seis tanques de tratamento de águas residuais e em três tanques de peixes da zona de águas residuais. Nos tanques de peixes das zonas com e sem águas residuais, a água doce foi recolhida uma hora depois de ter sido depositada nos tanques como alimento para os peixes.

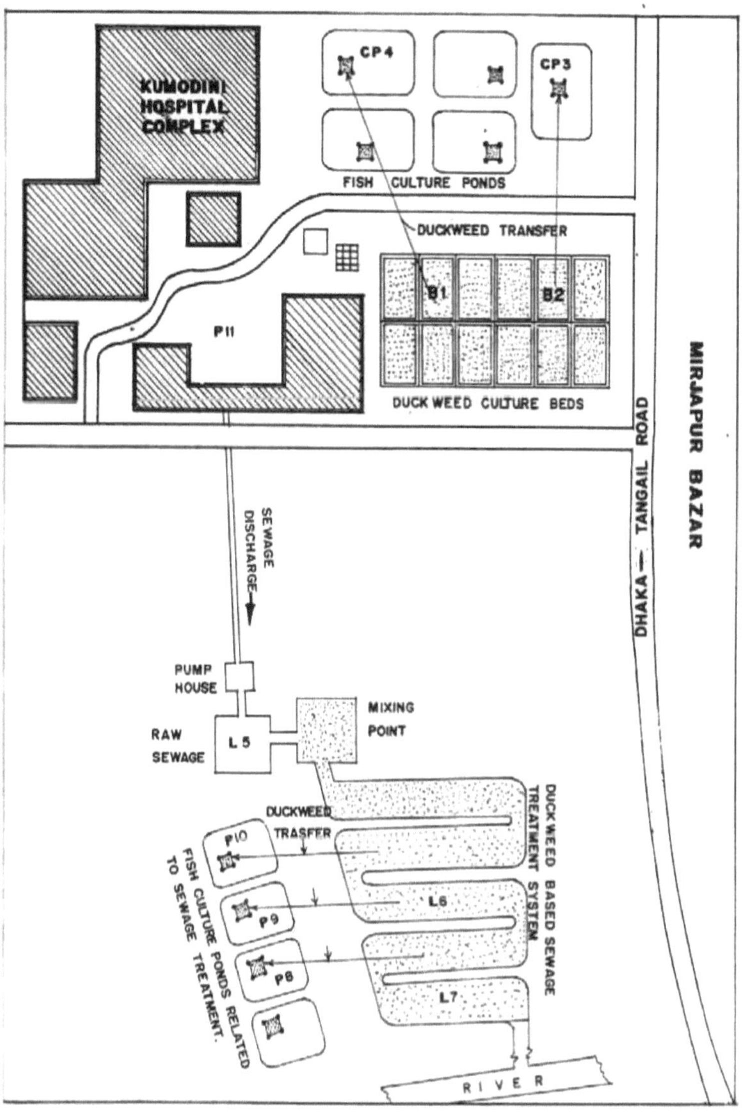

Fig. 2.1. Diagrama esquemático dos locais de amostragem em Mirzapur, Tangail

A amostragem dos peixes foi efectuada manualmente com uma rede de pesca. Aproximadamente, 750 g (peso húmido) de tilápia (*Oreochromis nilotica*) ou carpa prateada (*Ctnopharyngodon idella*) foram recolhidos dos tanques selecionados e colocados em sacos de polietileno.

2.2.5. Medição dos parâmetros físico-químicos: O pH e a condutividade eléctrica foram medidos no laboratório com um medidor digital de pH (Orion Research, medidor digital de pH-millivolt 611) e um medidor de condutividade (DREL/5 HACH), respetivamente.

2.2.6. Transporte das amostras: Imediatamente após a recolha, as amostras de DW, de água e de peixe foram colocadas numa caixa isolada com sacos de refrigeração. A caixa com as amostras foi transportada para o laboratório e o processamento das amostras foi concluído no prazo de 4 a 6 horas após a recolha, seguindo o procedimento normalizado (APHA 1991).

2.2.7. Processamento das amostras: As amostras de água doce foram lavadas em solução salina normal pré-esterilizada (0,85%) antes do processamento para eliminar bactérias soltas. Dez g de amostra de água doce lavada foram homogeneizados em 90 ml de solução salina normal num misturador elétrico (Warning Commercial blender, New Hartford, Connecticut, EUA) durante um minuto.

As brânquias das amostras de peixe foram abertas e as brânquias expostas foram lavadas em solução salina normal para eliminar as bactérias soltas. A parte ventral do peixe foi então cortada com uma tesoura esterilizada e lavada com solução salina normal esterilizada antes de se dissecarem partes do intestino. Cada um dos dez g de brânquias e conteúdo intestinal lavados foi homogeneizado separadamente em 90 ml de solução salina normal num misturador elétrico durante um minuto. O copo do misturador foi esterilizado em água a ferver durante 10 minutos após o processamento de cada amostra.

A água e o conteúdo homogeneizado de água doce, brânquias e conteúdo intestinal dos peixes foram diluídos em série, separadamente, em solução salina normal estéril, de 10^{-1} a 10^{-5} . 25 pl de amostra de cada diluição foram colocados em placas de ágar MacConkey, em duplicado, seguindo a técnica da placa gota a gota (Hoben e Somasegaran 1982). 50 pl de amostra de água não diluída ou uma quantidade semelhante de cada diluição (diluída em série como acima, quando necessário) foram semeados na placa de ágar MacConkey (Rahim *et al.* 1994) em duplicado, seguindo a técnica da placa gota a gota (Hoben e Somasegaran 1982). As placas inoculadas foram incubadas a 37° C durante 18-24 horas. Após a incubação, as colónias de aeromonadas viáveis caraterísticas (3-4 mm de diâmetro, oxidase positiva, colónias não fermentadoras de lactose com superfície lisa (Rahim e Aziz 1994) foram contadas em cada placa como suspeitas de aeromonadas e as contagens foram convertidas em densidade de aeromonadas como unidade formadora de colónias (ufc) por ml de água ou por g de água doce homogeneizada, brânquias e conteúdo intestinal do peixe.

2.2.8. Especiação de aeromonadas: Três a cinco colónias típicas de aeromonadas foram especificadas utilizando reacções bioquímicas convencionais (Popoff 1984). Estas incluíram sensibilidade a O/129 (2,4-diamino, 6,7-diisopropil pteridina, Sigma), desidrogenação de arginina, descarboxilação de lisina e ornitina, utilização de arabinose e salicina, hidrólise de esculina, reação de Voges-Proskauer e crescimento em água peptonada contendo 0,3 e 6,0% de NaCl (Popoff 1984).

2.2.9. Teste da atividade hemolítica: A atividade hemolítica das aeromonas foi testada numa placa de ágar-sangue contendo 5% de sangue de carneiro desfibrinado (Rahim e Aziz 1994). Os isolados testados foram semeados na placa de ágar-sangue e incubados aerobicamente a 37° C durante 18-24 horas. Após a incubação, as estirpes hemolíticas mostraram uma zona proeminente de hemólise à volta da colónia e foram classificadas como a, 0 e y (Rahim e Aziz 1994), dependendo do tipo e da extensão da atividade hemolítica do isolado.

2.2.10. Cultura de fezes de manipuladores de lentilha e de peixe: Amostras de fezes de quatro manipuladores de peixe e DW de cada uma das áreas de águas residuais e não residuais foram recolhidas no mesmo dia da amostragem. Os manipuladores foram também entrevistados quanto a qualquer historial de diarreia. As amostras de fezes foram cultivadas para vibriões, salmonelas, shigelas, aeromonas (Aziz *et al.* 1986) e *Campylobacter* (Blaser *et al.* 1980) seguindo o procedimento padrão descrito por Stoll *et al.* (1982).

2.2.11. Análise de dados: A densidade das espécies de *Aeromonas* foi transformada em logaritmo para evitar a assimetria da distribuição da densidade. Os dados foram depois analisados utilizando o SPSSwin (SPSS Inc. Chicago). O coeficiente de correlação foi obtido para encontrar qualquer inter-relação significativa entre as variáveis.

2.3. RESULTADOS

2.3.1. Percentagem de redução de *Aeromonas*: A média geométrica da densidade de *Aeromonas* no esgoto bruto e nas águas residuais tratadas com lentilha foi de $5,3 \times 10^4$ e $9,9 \times 10^1$ unidades formadoras de colónias por ml (ufc/ml), respetivamente, durante todo o período de investigação (Tabela 2.1). A diminuição das contagens de *Aeromonas* foi de $5,3 \times 10^4$ ufc/ml, o que corresponde a uma redução de 99,8% na população de *Aeromonas*. Foi encontrada uma diferença significativa ($P<0,001$) entre a densidade de *Aeromonas* na água do esgoto bruto e na água da lagoa de estabilização tratada. Não houve diferença significativa entre a densidade *de Aeromonas* no inverno e no verão. A redução da densidade de *Aeromonas* foi maior no inverno do que no verão.

2.3.2. Concentração de aeromonas nas zonas de águas residuais e não residuais: Durante o período de estudo, foram recolhidos mensalmente diferentes tipos de amostras, tais como DW, água e amostras de peixe das zonas de águas residuais e não residuais. As amostras foram processadas para a determinação da densidade de aeromonadas numa placa de ágar MacConkey. Nas zonas de águas residuais, as contagens de aeromonas na água do mar, na água, nas brânquias e no conteúdo intestinal dos peixes variaram entre $6,0 \times 10^3$ e $1,6 \times 10^9$, entre $2,0 \times 10^1$ e $1,5 \times 10^4$, entre $1,0 \times 0^4$ e $3,0 \times 10^7$ e entre $1,2 \times 10^5$ e $2,2 \times 0^9$ respetivamente. Na área sem águas residuais, a densidade de aeromonas na água, brânquias e conteúdo intestinal dos peixes variou entre $2,0 \times 10^1$ e $8,0 \times 10^8$, entre $1,0 \times 10^1$ e $8,0 \times 10^2$, entre $2,0 \times 10^3$ e $4,0 \times 0^8$ e entre $1,2 \times 10^6$ e $2,8 \times 10^{10}$ respetivamente. Na área das águas residuais, a densidade mais elevada de aeromonadas foi detectada no tanque de águas residuais não tratadas durante todo o período de estudo. Na amostra de peixe, a densidade de aeromonadas foi maior no conteúdo intestinal do que nas brânquias em ambas as áreas.

Os locais de amostragem das zonas de águas residuais e não residuais eram muito próximos. Por conseguinte, a densidade de *Aeromonas* em cada componente da respectiva área foi expressa como média para comparação. A densidade média (ufc por g ou ml) de aeromonas isoladas da água, da água e dos peixes (brânquias e conteúdo intestinal) dessas duas áreas é mostrada nas Figs. 2.2, 2.3 e 2.4, respetivamente. Não houve diferença significativa entre as áreas de águas residuais e não residuais em termos de contagens de *Aeromonas* na água do mar (P=0,053), na água (P=0,384), nas brânquias (P=0,402) e no conteúdo intestinal (P=0,312) dos peixes.

2.3.3. Especiação de aeromonas: Cento e oitenta e nove isolados foram identificados ao nível da espécie. Das várias espécies, 28% de *A. hydrophila* (53 de 189), 56,6% de *A. sobria* (107 de 189) e 15,3% de *A. caviae* (29 de 189) foram

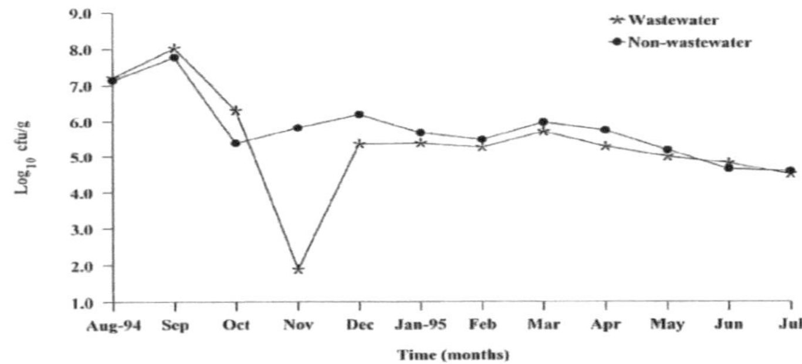

Fig. *2.2,* **Densidade de** *Aeromoftas* **em amostras de lentilha d'água de áreas com e sem águas residuais**

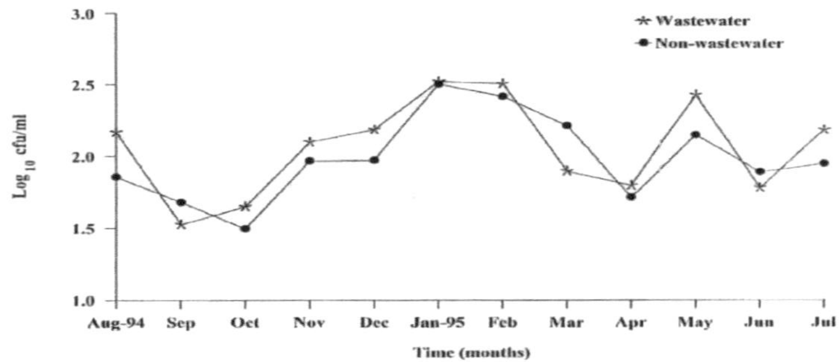

Fig. 2.3. Densidade de *Aeromonas* **em amostras de água de zonas com e sem águas residuais**

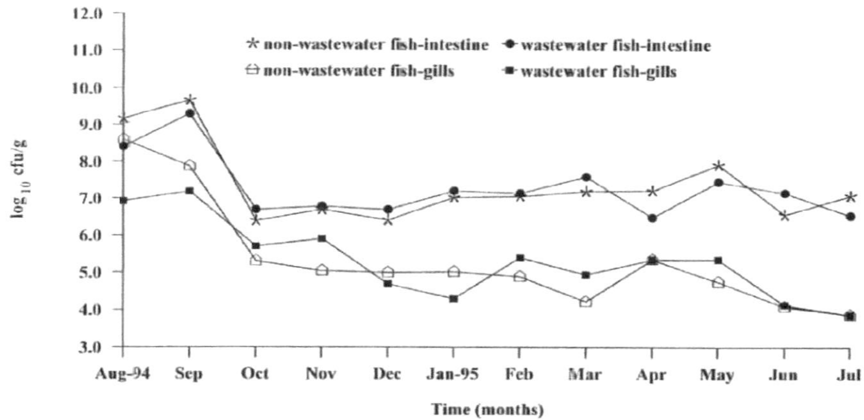

Fig. 2.4. Densidade de *amenißiioiias* nas brânquias e nos con(clientes insteslinais de peixes em zonas com e sem águas residuais

recuperadas. Das várias amostras, a maior incidência de *A. hydrophila* e *A. sobria* foi registada nas amostras de água. As amostras de água potável registaram a maior incidência de *A. caviae*. A abundância de diferentes espécies em diferentes amostras é apresentada na Tabela-2.2.

2.3.4. Atividade hemolítica: Cento e oitenta e nove isolados de aeromonadas foram testados quanto à atividade hemolítica. Destes isolados (n=189), a atividade hemolítica (a+P) foi maior entre os isolados de *A. sobria* da água (13,2%) e das brânquias de peixe (12,7%) do que no conteúdo intestinal dos peixes (10,5%) e na água destilada (9,5%). A atividade hemolítica detalhada de diferentes aeromonadas e a sua fonte de isolamento são apresentadas no Quadro 2.2.

2.3.5. Parâmetros físico-químicos:

A temperatura (° C) da água nas zonas de águas residuais e não residuais variou entre 18° (inverno) e 35° C (verão). A densidade de *Aeromonas* nas brânquias e no conteúdo intestinal dos peixes foi significativamente correlacionada com a temperatura da água em ambas as áreas de águas residuais (Tabela-2.3) e não residuais (PQO.Ol) (Tabela-2.4).

O pH da água nas áreas de águas residuais e não residuais variou entre 6,9 e 8,4 e entre 6,7 e 8,7, respetivamente. Na área sem águas residuais, o pH da água correlacionou-se significativamente com a densidade de *Aeromonas* nas brânquias ($P<0,001$) e no conteúdo intestinal ($P<0,001$) dos peixes (Tabela-2.4).

A condutividade elétrica (milisiemens/metro = mS/m) das amostras de água nas áreas de águas residuais e não residuais variou entre 31,0 (tanque de águas residuais no. 2, julho de 1995) e 115,0 mS/m (tanque de estabilização primária, fevereiro de 1995) e entre 40,0 (tanques de cultivo DW no. 1 e 2, maio de 1995) e 54,5 mS/m (tanque de peixes no. 2, fevereiro de 1995) respetivamente. A condutividade da água na área de águas residuais foi significativamente correlacionada com a densidade de *Aeromonas* na água ($P<0,001$) (Tabela-2.3). Da mesma forma, a densidade de *Aeromonas* na água correlacionou-se significativamente com a densidade de *Aeromonas* nas brânquias ($P<0,001$) e no conteúdo intestinal ($P<0,001$) dos peixes da área sem águas residuais (Tabela-2.4).

2.3.6. Cultura de fezes: Durante o período de estudo, nenhum dos manipuladores de água doce das áreas com e sem águas residuais apresentou qualquer queixa de diarreia. Além disso, nenhum dos agentes patogénicos entéricos foi isolado a partir de amostras de fezes de pessoas que manusearam peixe e água doce de qualquer uma das áreas.

2.3.7. Epizootia dos peixes: Nenhuma das espécies de peixes mostrou qualquer sinal de infeção superficial ou lesões em qualquer parte do corpo. Todas as espécies de peixes permaneceram saudáveis e a produção de peixe foi satisfatória.

Tabela-2.1. Redução da densidade de aeromonadas devido ao tratamento de águas residuais por lentilha-d'água

FONTE	Período Colda	Período de guerra	Todo o período[c]
Esgoto bruto	6.3x103[d]	2.3x103	5.3x104
Lagoa de estabilização	$1.1x10^{2}$	$9.2x10^{1}$	$9.95x10^{1}$
Diminuição da densidade de aeromonadas	$6.2x10^{3}$	$4.9x10^{3}$	$5.3x10^{4}$
(diminuição em %)	(98.3)	(96.0)	(99.0)

a Três meses, de dezembro de 1994 a fevereiro de 1995;[b] Três meses, de agosto a outubro de 1994;[c] Doze meses, de agosto de 1994 a julho de 1995;[d] Média geométrica da densidade de *Aeromonas* na água

Tabela-2.2. Atividade hemolítica de *Aeromonas* spp. isoladas de diferentes fontes

Espécies	*Atividade hemolítica de* Aeromonas *spp. (n=189) associada a*

	DW Não. (%)	W Não. (%)	FG Não. (%)	FI Não. (%)
A. hydrophila	11 (20.8)	15 (9.4)	7 (13.2)	6 (11.3)
A. sobria	18 (16.8)	25 (23.4)	24 (22.4)	20 (18.7)
A. caviae	3 (10.3)	2 (6.9)	3 (10.3)	4 (13.8)

DW = lentilha d'água, W = água, FG = guelras de peixe, FI = conteúdo intestinal de peixe.

Tabela-2.3. Coeficiente de correlação da densidade de *Aeromonas* na lentilha d'água, na água, nas brânquias e no conteúdo intestinal dos peixes com os parâmetros físico-químicos da água na área de águas residuais

Aeromonas de	Parâmetros físico-químicos de		
	pH	Temperatura	Condutividade
Lentilha-d'água	0.1667	0.4393	-0.5019
Água	-0.0803	0.1340	0.8633**
Guelras de peixe	0.4940	0.7030*	-0.2862
Peixe-intestinal	0.4451	0.7006*	-0.2852
conteúdos			

*P<0,01, **P<0,001

Tabela-2.4. Correlação entre *a* densidade de *Aeromonas* na lentilha d'água, na água, nas brânquias e no conteúdo intestinal dos peixes e os parâmetros físico-químicos da água numa área sem águas residuais

Aeromonas de	Parâmetros físico-químicos de		
	pH	Temperatura	Condutividade
Lentilha-d'água	0.6360	0.6372	0.6044
Água	0.3820	0.0270	0.0037**
Guelras de peixe	0.9872**	0.9874**	0.9644**

Conteúdo intestinal dos peixes	0.9899**	0.9922**	0.9764**

**P<0.001

2.4. DISCUSSÃO

Aeromonas é nutricionalmente versátil, como é evidente pela sua capacidade de crescer em água com baixa concentração de quaisquer substâncias, tais como glucose, acetona, glutamato, succinato e lactato (Van der Kooij *et al.* 1980). Além disso, vários componentes da biomassa, como os ácidos gordos de cadeia longa e os aminoácidos em baixa concentração, podem aumentar a sua multiplicação na água (Van der Kooij *et al.* 1988). As águas residuais, sendo ricas em vários materiais residuais azotados, podem aumentar o crescimento de *Aeromonas* spp. Possivelmente por esta razão, a densidade de *Aeromonas* foi mais elevada nas águas residuais durante o período de estudo. Este resultado é consistente com as conclusões de Monfort e Baleux (1986), Boussaid *et al.* (1991) e Hassani *et al.* (1992).

O esquema bioquímico convencional de Popoff (1984) foi seguido neste estudo e três espécies de *Aeromonas* (*A. hydrophila*, *A. sobria* e *A. caviae*) foram identificadas a partir de vários tipos de amostras. Isto é consistente com os relatórios anteriores do Bangladesh (Islam *et al.* 1992, Rahim e Aziz 1994). No entanto, foram isoladas diferentes espécies de diferentes tipos de amostras (Quadro 2.2). Mas é difícil explicar a associação de uma determinada espécie com um determinado componente biótico de um ecossistema. São necessários mais estudos para confirmar a associação de uma determinada espécie a um determinado componente biótico de um ecossistema.

No Bangladesh, diferentes espécies de *Aeromonas* são omnipresentes nos ecossistemas de rios, lagos e lagoas (Islam *et al.* 1992, Parveen *et al.* 1995). No presente estudo, a abundância de *A. sobria* foi mais elevada do que a de *A. hydrophila* e *A. caviae* em vários componentes, tais como a água doce, a água, as brânquias e o conteúdo intestinal dos peixes. Estes resultados estão de acordo com os relatórios anteriores do Bangladesh (Islam *et al.* 1992, Parveen *et al.* 1992, Rahim e Aziz 1994). Nas águas residuais de França, Monfort e Baleux (1990) registaram a prevalência de *A. caviae* no fluxo de entrada e de *A. sobria* no fluxo de saída. No entanto, na lagoa de estabilização de uma região árida de Marrocos, *A. caviae* e *A. hydrophila* eram simultaneamente predominantes no afluxo e apenas *A. sobria* era predominante no efluente final (Boussaid *et al.* 1991). Esta discrepância nos resultados de diferentes regiões geográficas deve-se possivelmente às diferenças de clima e de parâmetros físico-químicos da água em diferentes regiões do mundo.

A hemolisina é um dos factores de virulência de *Aeromonas* spp. (Stelma *et al.* 1986). Neste estudo, foram detectados dois tipos de hemolisinas de *Aeromonas* spp. (a e 0). Este facto é consistente com os relatórios anteriores do Bangladesh (Parveen *et al.* 1992, Rahim e Aziz 1994). Além disso, neste estudo, a atividade 0-hemolítica foi detectada mais em *A. sobria* do que em *A. hydrophila* e *A. caviae*. Estes resultados estão de acordo com os de Imzlin *et al.* (1996). No entanto, Parveen *etal.* (1992) não conseguiram isolar *A. caviae* 0-hemolítica do Bangladesh, mas no presente estudo 17% (5 de 29) das estirpes de *A. caviae* eram 0-hemolíticas. A prevalência de *A. caviae* 0-hemolítico foi também comunicada em França (Monfort e Baleux 1991) e Marrocos (Imziln *et al.* 1996) em amostras de esgotos.

No ambiente aquático, *as Aeromonas* estão principalmente associadas ao fito e ao zooplâncton (Simidu *et al.* 1971). Os animais aquáticos, incluindo os peixes que se alimentam de fito e zooplâncton, podem acumular *Aeromonas* no seu intestino a partir do ecossistema aquático circundante. No presente estudo, possivelmente por esta razão, a concentração de *Aeromonas* nos peixes (brânquias e conteúdo intestinal) foi mais elevada do que na água e na água destilada. De acordo com o presente estudo, verificou-se que a concentração de *Aeromonas* era também mais elevada no intestino do que noutras partes do corpo do camarão (Rahim e Aziz 1994).

As Aeromonas podem crescer numa vasta gama de pH (5,0 a 9,0), mas são incapazes de crescer a um pH inferior a 4,0 e superior a 10,0 (Hazen *et al.* 1978). Neste estudo, o pH da água variou entre 6,7 e 8,7. Foi encontrada uma correlação significativa entre o pH da água e a densidade de *Aeromonas* nas brânquias e no conteúdo intestinal de peixes de uma área sem águas residuais (Tabela 2.4).

A temperatura é um dos factores importantes que afectam o crescimento e a distribuição de *Aeromonas* spp. no ambiente aquático (Kaper *et al.* 1981). Rouf e Rigney (1971) descobriram que a temperatura óptima de crescimento de *Aeromonas* era próxima de 45° C, mas a maioria das estirpes de *Aeromonas* pode crescer a 35° C. Numa experiência laboratorial, Cavari *et al.* (1981) demonstraram uma atividade metabólica elevada a 25° C em comparação com 4° C e, em última análise, explicaram a possível correlação das contagens de *Aeromonas* com a temperatura elevada da água no rio Anacostia dos EUA. No presente estudo, a temperatura da água variou entre 18 e 35° C e as contagens de *Aeromonas* correlacionaram-se positivamente com a temperatura da água (Tabelas-2.3 e 2.4). Este resultado está de acordo com os relatórios anteriores (Hazen *et al.* 1978, Hazen e Fliermans 1979, Rippey e Caballi 1979, Seidler *et al.* 1980, Kaper *et al.* 1981). No entanto, este resultado contrasta com as conclusões de Burke *et al.* (1984a) e Boussaid *et al.* (1991) que registaram uma relação inversa entre *a* densidade de *Aeromonas* e a temperatura da água. É necessário efetuar mais estudos para explicar a discrepância entre os resultados dos diferentes investigadores.

Diferentes iões metálicos podem influenciar a condutividade da água no ambiente aquático. Alguns destes iões metálicos são utilizados como cofactores enzimáticos para o crescimento, a atividade metabólica e a sobrevivência das bactérias no ecossistema aquático. Assim, presume-se que a condutividade possa desempenhar um papel importante na sobrevivência de *Aeromonas* no ecossistema aquático. No presente estudo, foi encontrada uma correlação significativa entre a condutividade e a densidade de *Aeromonas* na água em ambas as áreas (Tabelas 2.3 e 2.4). Os nossos resultados estão parcialmente de acordo com as conclusões de Burke *et al.* (1984a).

Aeromonas está associada à infeção de peixes (Davis 1953, Van Duijan 1967, Leblance *et al.* 1981) e de outra fauna aquática (Shotts *et al.* 1972, Cussic e Bullock 1973, Larsen e Jansen 1977, Gorden *et al.* 1979). No entanto, ainda não está claro qual a concentração de *Aeromonas* spp. necessária para iniciar a manifestação da doença em peixes e animais aquáticos em condições naturais. Neste estudo, a densidade média de *Aeromonas* em águas residuais variou entre $4{,}0 \times 10^{1}$ e $3{,}16 \times 10^{1}$ e em áreas sem águas residuais variou entre $3{,}16 \times 10^{7}$ e $2{,}50 \times 10^{7}$. No entanto, não se registou nenhuma infeção *associada a Aeromonas* em peixes e em pessoas que manipulavam peixes e lentilhas. Por conseguinte, são necessários mais estudos para determinar a concentração (cfu/ml) de *Aeromonas* spp. e as condições ambientais favoráveis necessárias para iniciar a infeção natural dos peixes por *Aeromonas* spp.

Pode concluir-se que a densidade mais elevada de *Aeromonas* foi registada apenas em águas residuais não tratadas. *A* atividade hemolítica foi registada mais entre *A. sobria* do que entre *A. hydrophila* e *A. caviae.* Dos vários tipos de amostra, a atividade hemolítica foi menor nos isolados da água de descarga. Os parâmetros físico-químicos da água podem influenciar a sobrevivência de aeromonadas no ecossistema aquático. Além disso, não se observou qualquer diferença significativa entre águas residuais e não residuais em termos de contagens de *Aeromonas* em amostras de água, água e peixe de ambas as áreas, exceto nas águas residuais não tratadas. Portanto, a água de depuração pode ser cultivada para o tratamento de águas residuais e a mesma água de depuração pode também ser usada como alimento para peixes sem afetar negativamente a piscicultura e as pessoas que manuseiam a água de depuração e os peixes. Estas observações sugerem que as lentilhas de água podem ser usadas como agentes biológicos seguros para o tratamento de águas residuais. Simultaneamente, a mesma água residual pode ser usada como alimento para peixes.

Capítulo 3

3. FAGOS DE *AEROMONAS HYDROPHILA* EM LAGOAS CONTAMINADAS E NÃO CONTAMINADAS POR ESGOTOS DA CIDADE DE DHAKA

3.1. INTRODUÇÃO

As Aeromonas spp. são microrganismos adoptados pelo ambiente. A sua distribuição cosmopolita no ecossistema aquático indica que os fagos de *Aeromonas* também estão disponíveis em diferentes nichos ecológicos. A literatura relativa aos fagos de *Aeromonas* é menos disponível do que a relativa ao isolamento de *Aeromonas*. Seeley e Primrose (1980) isolaram pela primeira vez fagos de *Aeromonas* do ambiente. Utilizaram este fago para realizar um estudo ecológico do efeito da temperatura sobre os bacteriófagos num ambiente aquático. Posteriormente, foram isolados dois fagos *específicos de Aeromonas,* morfologicamente semelhantes, do efluente final de uma estação de tratamento de águas residuais (Chow e Rouf 1983) dos Estados Unidos da América. Um destes fagos podia infetar 13 de 22 estirpes de *A. hydrophila*, enquanto o outro podia infetar apenas a estirpe hospedeira. Este estudo indicou a especificidade do hospedeiro de dois fagos *de Aeromonas* morfologicamente semelhantes (Chow e Rouf 1983).

O bacteriófago *específico de Aeromonas* PM2 foi isolado de amostras de água doce de Espanha (Merino *et* al. 1990a). Este fago tinha uma cabeça poliédrica e uma cauda contrátil. Foi identificada uma fração de lypopolysaccharide (LPS) de baixo peso molecular (oligossacárido LPS-core) como o único recetor para este fago. O PM3 é outro fago *específico de Aeromonas* (Merrino *et al.* 1990b), que infectou especificamente *a* estirpe TF7 de *A. hydrophila.* Um estudo de microscopia eletrónica revelou que o PM3 era um fago filamentoso e que o flagelo monopolar do hospedeiro *A. hydrophila* era o único recetor (Merino *et al.* 1990c). No Japão, Fukuyama *et al.* (1991) isolaram fagos de *Aeromonas* da água e da lama de um rio para estabelecer um esquema de tipagem de fagos de *Aeromonas.* Através de um teste de correspondência cruzada, os fagos isolados foram classificados em 13 tipos. Estes fagos foram capazes de tipar 21% (129 de 594) de estirpes *de Aeromonas* isoladas de diferentes ecossistemas aquáticos (Fukuyama *et al.* 1991) e de 51% de isolados diarreicos humanos de *Aeromonas* spp. recolhidos em quatro hospitais metropolitanos diferentes de Tóquio (Fukuyama *et al.* 1992).

Ackermann *et al.* (1985) estudaram 34 fagos de *Aeromonas*. O exame microscópico eletrónico revelou que a maioria dos fagos tinha caudas contrácteis. Estes fagos foram classificados em duas famílias (*Myoviridae* e *Podoviridae*) e nove espécies. Estes fagos assemelhavam-se a fagos bem conhecidos de *Enterobacteriaceae,* tais como T2, P1, P2 e T7. As cabeças destes fagos assemelhavam-se ao fago T-even. Por fim, concluiu-se que estes fagos poderiam ter uma relação filogenética com os fagos de *Enterobacteriaceae* e T-even do ponto de vista morfológico. Além disso, Matsuzaki *et al.* (1999) registaram fagos morfologicamente semelhantes de *Aeromonas* (Aen 1 e 65), *Vibrio* (KVP 20, KVP40 e nt-1) e coli (T4). Estes três fagos (fagos de aeromonas, fagos *de Vibrio* e fago T4 de coli) estão distantemente relacionados entre si, como é evidente pela análise da sequência de aminoácidos N-terminal da principal proteína do capsídeo (Matsuzaki *et al.* 1999).

No Bangladesh, foram isoladas estirpes de *Aeromonass* spp. de lagoas (Islam *et al.* 1992), rios e lagos (Parveen *et al.* 1995), plantas aquáticas (Rahim *et al.* 1985), peixes com úlceras (Rahim *et al.* 1984), camarões, etc. (Rahim e Aziz 1988, Rahim e Aziz 1994). Mas o isolamento de fagos de *Aeromonas* não foi registado no Bangladesh. Por conseguinte, este estudo foi realizado para avaliar a abundância de fagos *de Aeromonas* em amostras de água e sedimentos de lagoas contaminadas por esgotos e não contaminadas da cidade de Dhaka.

3.2. MATERIAIS E MÉTODOS

3.2.1. Recolha de amostras: Duas amostras de água e duas amostras de sedimentos foram recolhidas numa lagoa sem esgotos do Instituto de Saúde Pública, Mohakhali, Daca. Cinco amostras de água e cinco amostras de sedimentos foram colhidas numa lagoa contaminada por esgotos da mesma localidade da cidade de Daca. As amostras de água foram colhidas num frasco de plástico Nalgene de 500 ml, previamente esterilizado, e as amostras de sedimentos foram colhidas num frasco de vidro de 4 onças, previamente esterilizado. As amostras foram imediatamente transportadas para o laboratório numa caixa de espuma isolante sem gelo. O processamento das amostras foi concluído no prazo de quatro horas após a recolha (Greenberg *et al.* 1992).

3.2.2. Estirpes de *Aeromonas* utilizadas: Foram utilizados neste estudo dez isolados locais de *Aeromonas hydrophila* (duas estirpes isoladas de fezes diarreicas humanas e oito de peixes ulcerados). Foram também incluídas neste estudo duas estirpes de referência de *Aeromonas* (*A. hydrophila* ATCC 7699 e *A. salmonicida* ATCC 14174).

3.2.3. Rastreio de amostras de água e sedimentos para fagos *de Aeromonas*: Cem microlitros de cultura nocturna (10^{10}) dos isolados acima mencionados foram misturados com 100 pl de água de ensaio e amostra de sedimento em 3 ml de ágar mole fundido

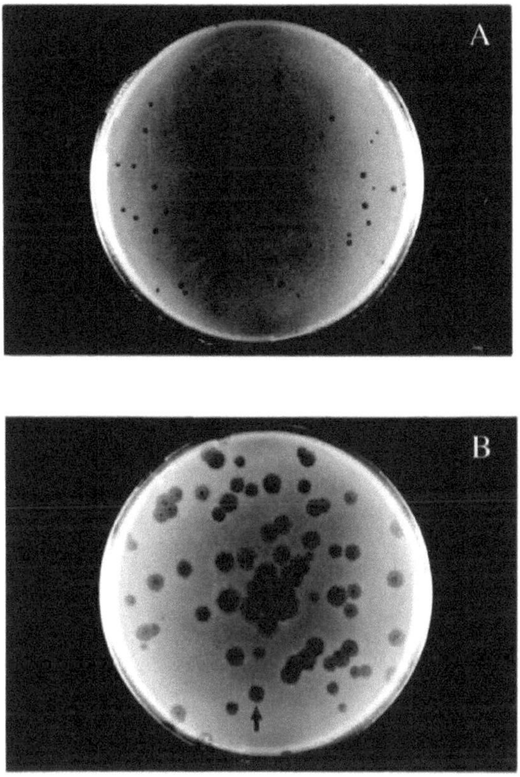

Fig. 3.1. Fotografias que mostram a formação de placas. O painel A mostra a lise completa da placa indicada por uma seta. O painel B mostra a lise incompleta da placa indicada por uma seta

(0,7%) num tubo de tampa de rosca. A amostra foi agitada vigorosamente em vórtex antes de ser vertida numa placa de ágar Luria-Bartani (LB). As placas inoculadas foram deixadas na mesa à temperatura ambiente até o ágar superior solidificar. Em seguida, as placas foram incubadas a 37° C durante a noite. Após a incubação, observou-se a formação de placas caraterísticas na placa inoculada.

3.2.4. Padrão de lise: As placas morfologicamente diferentes foram selecionadas separadamente. Uma placa bem isolada e cem microlitros de cultura nocturna foram misturados e mantidos em condições estáticas a 37° C durante uma hora. Após a incubação, a mistura de bactérias hospedeiras e o fago foram inoculados num caldo LB de 10 ml num tubo de tampa de rosca e incubados durante a noite numa incubadora com agitação a 37° C. Após a incubação, um ml de cultura foi centrifugado numa centrífuga eppendorf (13.000 rpm durante 10 minutos). O sobrenadante foi recolhido noutro tubo, ao qual foi adicionado clorofórmio a uma concentração final de 1%. Esta mistura foi agitada em vórtice vigorosamente e mantida a 4° C como fago de reserva. A partir desta preparação, foram colocados 2 pl de amostra de fago numa placa de ágar LB com uma camada superior de ágar contendo culturas jovens de diferentes estirpes *de Aeromonas* utilizadas neste estudo. As placas inoculadas foram incubadas durante a noite a 37 C°. Após a incubação, os padrões líticos dos fagos foram estudados e classificados como "4+" quando altamente líticos e "-" quando não líticos.

3.3. RESULTADOS E DISCUSSÃO

No ecossistema da lagoa não contaminada, a concentração de fagos variou entre $6{,}0\text{x}10^1$ e $2{,}0\text{x}10^4$ pfu por ml ou g de amostra (Tabela-3.1). Os fagos estavam mais concentrados na coluna de água do que no sedimento. Em amostras de lagoas contaminadas com esgoto, a concentração de fagos variou entre $4{,}0\text{x}10^1$ e $2{,}0\text{x}10^3$ pfu/ml ou g de amostra (Tabela-3.1). Nas amostras contaminadas por esgoto, a concentração de fagos foi maior no sedimento do que na água.

A Aeromonas é considerada uma flora autóctone do ambiente aquático. Uma vez que não é a flora normal do intestino, a sua abundância deve ser maior no ecossistema natural do que nos esgotos. Possivelmente por esta razão, os fagos de *Aeromonas* eram mais abundantes no ecossistema do tanque não contaminado do que no contaminado por esgotos.

Os agentes patogénicos entéricos e os indicadores de poluição fecal sofrem sedimentação a partir da coluna de água depois de entrarem num ecossistema aquático (Grimes 1980). Estas bactérias persistem em maior número no sedimento de fundo do que na coluna de água. As bactérias depositadas no sedimento de fundo são libertadas na coluna de água quando o sedimento é rompido mecanicamente (Grimes 1980). Da mesma forma, na lagoa, possivelmente, como resultado de banhos e natação, os fagos de *Aeromonas* depositados no sedimento são libertados para a coluna de água. Por esta razão, a concentração de *fagos de Aeromonas* tornou-se mais elevada na coluna de água em comparação com as amostras de sedimento do ecossistema do tanque. Por outro lado, a lagoa contaminada com esgotos não teve interação humana e o sedimento não foi

Quadro-3.1 . fases de *inibição* das amostras de lagoas e de águas residuais da cidade de Dhaka

Fonte												
	1	Estirpes de *Aeromonas hydrophila* utilizadas									Ah	Como
		2	3	4	5	6	7	8	9	10		
Lago L (W)°	O'1	0	0	0	0	0	0	0	0	0	0	0
(S)[b]	0	0	0	0	0	0	0	0	0	0	0	0
Lagoa 2 (W)	0	0	2x10k	0	0	IxlO4	2x10^4	lx IO4	IxlO4	IxlO'	0	(}
(S)	0	6x1(1'	0	0	0	0	0	0	0	fixar 10'	0	0
Esgotos I (W)	0	0	0	0	0	0	0	0	0	0	4x1(1'	0
(S>	0	0	0	0	0	0	0	2x1 O'	0	IxlO1	IxlO2	(J
Esgoto 2 (W)	0	0	0	0	0	0	0	0	0	0	0	0
(S)	2x1 (J2	0	0	0	0	0	0	0	0	0	0	0
Esgoto 3 (W)	0	0	0	0	0	0	0	0	0	0	0	0
(S)	0	0	0	0	0	(}	0	0	0	0	0	0
Esgoto 4 (W)	0	0	0	0	0	0	0	0	0	0	(1	(1
(S)	0	0	0	0	0	(J	0	0	0	0	0	(1
Esgoto 5 (W)	0	0	0	0	0	()	0	0	0	0	0	()
(S)	0	0	0	0	0	()	0	0	4x1 ()'	0	0	0

[a] Água,[b] Sailimcnt, "Menos de 10 pfu por g ou ml de amostra,[d] plu por g ou ml de amostra, Ah=/i. *hydrophih* A I CC 7699, As- *A. salmonieida* ATCC 14174

Table-3.2. Lysis pattern of various *Aeromonas hydrophila* strains with the *Aeromonas* phages

A. hydrophila	*A. hydrophila* phages																		
	7	8	9	10	11	12	14	15	17	19	20	21	22	23	24	25	26	27	28
1	++++	+	++++	++++	++++	-	++++	++++	-	++++	-	-	+++	++++	++++	++++	++++	-	+
2	++++	++	++++	++++	++++	-	++++	++++	-	++++	++++	++++	-	++++	-	-	++++	++	-
3*	++++	+	++++	++++	++++	-	++++	++++	-	++++	++++	++++	-	++++	-		+++	++++	-
4*	-	-	-	-	-	-	-	-	-	-	++++	++++	-	-	-	-		++++	-
5*	++++	+	++++	++++	+	-	++++	++++	-	++++	-	-	-	++++	-				-
6	++++	+++	++++	++++	++++	-	++++	++++	-	++++	++++	++++	-	++++			+++		
7	++++	+++	++++	++++	++++	++++	++++	++++	-	++++	++++	++++	-	++++	-	++++	+++		+
8	++++	+	++++	++++	++++	-	++++	++++	++++	++++	++++	++++	-	++++	++++	++++	+++	++++	+
9	++++	++++	+++++	++++	++++	++++	++++	++++	-	++++	++++	++++	-	++++	-	-	+++		
10	++++	+	++++	+++	+++	++++	+++	++++	-	++	+++	++++	-	-	+++	++++	++++	++++	+
Ah	+	++++	++++	++++	+++	++++	+++	++++	-	++	+++	++++	-	-	+++	++++	++++	++++	+
As	-	-	-	-	-	-	-	-	-	-	-	-	-						

Enterotoxigenic strain; [a]strain 1 and 2 were isolated from human and No. 3-10 were from ulcerated fish; [b]strain of *A. hydrophila*; Ah = *A. hydrophila* ATCC 7966[b]; As = ATCC14174[c] [c]a strain of *A. salmonicida*[c]; degree of lysis = (++++) (highest); - (no lysis), phage 1-6 degenerated and could not be studied

Tabela-3.2 perturbado. Consequentemente, o fenómeno normal continuou aqui. Assim, os fagos de *Aeromonas* permaneceram concentrados no sedimento do que na coluna de água da lagoa contaminada por esgotos (Quadro 3.1).

Os bacteriófagos apresentam especificidade em relação ao hospedeiro no que respeita a uma determinada bactéria ou à mesma bactéria de serótipo diferente. Com base neste princípio, foram propostos diferentes esquemas de fagotipagem de bactérias, como o esquema de fagotipagem de *V. cholerae* O1 (Chattopadhyay *et al.* 1993). A especificidade do hospedeiro foi também demonstrada por diferentes fagos de *Aeromonas* (Merino *et al.* 1990b). Neste estudo, estes fagos mostraram padrões de sensibilidade variáveis em relação a diferentes estirpes de *A. hydrophila*, mas não conseguiram infetar *A. salmonicida* (ATCC 14174) (quadro 3.2). Por conseguinte, estes fagos são específicos para *A. hydrophila.*

Com base nos resultados deste estudo, pode concluir-se que os fagos de *A. hydrophila* estão distribuídos em amostras de lagoas contaminadas por esgotos e não contaminadas do Bangladesh. As concentrações de fagos de *Aeromonas* são mais elevadas nas amostras não contaminadas do que nas contaminadas por esgotos. São necessários mais trabalhos para criar um esquema de tipagem de fagos para a identificação e tipagem rápidas de estirpes de *A. hydrophila.*

Capítulo 4

4. AVALIAÇÃO DO POTENCIAL PATOGÉNICO DE ISOLADOS DE *AEROMONAS* SPP. POSITIVOS PARA O GENE DA ENTEROTOXINA CITOTÓXICA

4.1. INTRODUÇÃO

As Aeromonas spp. estão associadas a doenças que põem em risco a vida dos seres humanos, tais como bacteriemia (Ko *et al.* 2000), meningite (Lin e Cheng 1998), septicemia (Tabata *et al.* 1999), mionecrose (Balasco *et al.* 1995), abcesso pulmonar (Hur *et al.* 1995), infeção pulmonar (Lecler *et al.* 1990), etc. É um dos agentes importantes associados à diarreia (Kuijper *et al.* 1991). A infeção entérica associada a *Aeromonas* spp. é comum entre crianças pequenas que manifestam sintomas diarreicos (Teka *et al.* 1999) e está também associada à diarreia dos viajantes (Yamada *et al.* 1997). Recentemente, estirpes de *Aeromonas* spp. foram incriminadas como um dos agentes associados à síndrome hemolítico-urémica (Robson *et al.* 1992, Fang *et al.* 1999). Os camarões infestados com *Aeromonas* spp. podem multiplicar-se quando armazenados a 4° C (Rahim e Aziz 1994) e, assim, estas bactérias podem ser responsáveis pela deterioração dos alimentos armazenados a temperaturas mais baixas. *As Aeromonas* spp. foram identificadas como um dos importantes agentes patogénicos de origem alimentar (Janda *et al.* 1999). A infestação de *Aeromonas* spp. em alimentos prontos a consumir, como as saladas, é considerada um fator de risco do ponto de vista da saúde pública (Mattick e Donovan 1998).

As Aeromonas spp. podem produzir diferentes factores putativos associados à virulência, tais como pili rectos (Sato *et al.* 1989) e pili flexíveis (Ho *et al.* 1990). Estes pili são do tipo classe IV. *Aeromonas* spp. produzem dois pili de tipo distinto de classe IV (formador de feixe e Tap) (Kirov *et al.* 1999, Kirov *et al.* 2000) e estão associados à virulência. Outros factores putativos associados à virulência das *Aeromonas* spp. são a proteína de ligação ao colagénio (Gullberg *et al.* 1989), a hemaglutinina (Majeed e Macrae 1994), etc. Além disso, *as Aeromonas* spp. podem produzir a camada S (Kokka *et al.* 1991). As estirpes que possuem a camada S podem resistir à atividade bactericida de 65% do soro humano combinado (Janda *et al.* 1994). Estas estirpes são moderadamente patogénicas para os ratos do que as estirpes negativas da camada S (Janda *et al.* 1994). Além disso, as estirpes de *Aeromonas* do serótipo 0:34 podem resistir à lise mediada pelo complemento (Merino *et al.* 1994). Estas propriedades ajudam as bactérias a causar bacteriemia (Ko *et al.* 2000) e septicemia (Tabata *et al.* 1999). Através da corrente sanguínea, as estirpes invasoras de *Aeromonas* spp. podem ser disseminadas para outras partes do corpo para infetar órgãos vitais, como os pulmões (Hur *et al.* 1995), o coração, etc. (Blasco *et al.* 1995).

As estirpes de *Aeromonas* spp. produzem vários factores de virulência associados a infecções entéricas, tais como a enterotoxina (Chopra e Houston 1999), a citotoxina (Alavandi *et al.* 1999) e a hemolisina (Fujii *et al.* 1999). Chakraborty *et al.* (1986) clonaram o gene da citotoxina de *A. hydrophila* e provaram conclusivamente o seu papel na patogénese da infeção entérica. O gene hemolítico, citotóxico e da enterotoxina (*act*) de um isolado diarreico, *A. hydrophila* SSU, foi clonado (Chopra *et al.* 1993). Este gene codifica uma proteína de toxina (Act), que tem um tamanho de 52 kDa. Esta proteína é letal em ratos quando injectada por via intravenosa (Rose *et al.* 1989). Posteriormente, foram confirmadas múltiplas funções biológicas de diferentes loci de uma única cadeia peptídica (Act) através de mutagénese dirigida ao local e da preparação de anticorpos anti-peptídeo (Ferguson *et al.* 1995). No presente estudo, 69 isolados de *Aeromonas* spp. foram analisados para detetar a presença do gene da enterotoxina citotóxica (*act*). Além disso, o potencial patogénico e os padrões de resistência aos medicamentos dos isolados positivos e negativos à sonda *act* também foram testados neste estudo.

4.2. MATERIAIS E MÉTODOS

4.2.1. Estirpes bacterianas: Sessenta e nove isolados de *Aeromonas* spp. (*A. hydrophila* n=22, *A. sobria* n=41 e *A. caviae* n=6) foram utilizados neste estudo. Estas estirpes foram isoladas da água, de lentilha de água (*Lamna minor*) e de peixes entre agosto de 1994 e julho de 1995.

4.2.2. Extração de ADN: As estirpes de *Aeromonas* foram retiradas de uma cultura de reserva em placa de ágar Luria-Bertani (LB) a 37° C. Uma porção de uma colónia de aeromonas bem isolada foi inoculada em 5 ml de caldo LB e incubada durante a noite a 37° C numa incubadora com agitação. A partir de 1 ml de cultura de um dia para o outro, o ADN cromossómico foi extraído e purificado utilizando o kit de purificação de ADN genómico WIZARD (Califórnia, EUA). O ADN em pellets foi dissolvido em 100 pl de solução de dissolução de ADN do kit (WIZARD genomic DNA purification kit, Califórnia, EUA). Em seguida, diluiu-se o ADN cromossómico na proporção de 1:50 e mediu-se a concentração de ADN na OD260 utilizando o espetrofotómetro UV-1201 (modelo P/N 20662409, Shimadzu Corporation, Tóquio, Japão). O ADN foi ainda diluído em água destilada esterilizada e desionizada até uma concentração final de 0,1 pg/pl.

4.2.3. Dot blotting: Foram retirados 10 pl de ADN da solução (1 pg) a partir do ADN de reserva (0,1 pg/ul) preparado como acima referido num tubo PCR. Foram adicionados 90 pl de concentração final igual a NaOH 0,4 M e EDTA 10 mM, aquecidos a 94° C durante 10 minutos e imediatamente arrefecidos em gelo durante 10 minutos. Foram misturados 100 pl de acetato de amónio 2M com o ADN desnaturado e arrefecido para o dot blotting.

Um pedaço de membrana Zeta Probe (BIO-RAD) foi retirado da embalagem com a ajuda de um par de pinças e mergulhado em água destilada esterilizada e desionizada durante 10 minutos. Para a técnica de dot blotting, foi montado um aparelho de microfiltração com um pedaço de membrana Zeta Probe (BIO-RAD) previamente humedecida, de acordo com as instruções do fabricante, e foram passados 500 pl de água destilada desionizada por cada poço. Em seguida, fez-se passar 200 pl de amostras de ADN (tal como preparado acima) através de cada poço, que foi novamente lavado com 500 pl de NaOH 0,4M. O aparelho de microfiltração foi desmontado para retirar a membrana Zeta Probe com ADN imobilizado e enxaguada em 2xSSC. Por fim, a ligação cruzada do ADN com a membrana Zeta Probe foi efectuada por UV com a câmara GS Gene Linker UV. A membrana foi então armazenada seca entre dois pedaços de papel de filtro num saco de plástico à temperatura ambiente.

4.2.4. Preparação da sonda

4.2.4.1. Sonda: *A* sonda de enterotoxina citotóxica (*act*) de *A. hydrophila* SSU era um fragmento de ADN de 0,6 kb (Chopra *et al.* 1993). Para a marcação, foi utilizado o sistema de marcação e deteção direta de ácidos nucleicos ECL não radioativo (Amersham Life Science, Reino Unido). O procedimento pormenorizado foi o seguinte: A concentração inicial da sonda foi de 20 pg/pl. 5 pl (100 pg) de fragmento de ADN não marcado correspondente à sonda *do* gene *act* foram misturados com 5 pl de água destilada desionizada esterilizada, fervidos durante 5 minutos e imediatamente arrefecidos em gelo. Misturaram-se 10 pl de reagente de marcação (Amersham Life Science, Reino Unido) com o fragmento de ADN desnaturado e incubou-se a 37° C durante 20 minutos. Após a incubação, a mistura foi bem misturada, centrifugada brevemente e mantida em gelo para utilização imediata desta sonda.

4.2.5. Pré-hibridação: A membrana Zeta Probe contendo ADN imobilizado de diferentes isolados *de Aeromonas* foi colocada em 30 ml de solução de hibridação (30 ml de tampão de hibridação Gold, 1,5 g de agente de bloqueio, 0,876 g de NaCL) num saco de hibridação estanque adequado. As bolhas de ar foram completamente removidas do saco de hibridação, selado e imerso em água durante 2 horas num banho de água a 42° C com agitação suave.

4.2.6. Hibridação: Após a incubação, foram adicionados 20 pl de *act* probe (tal como preparado acima) à solução de hibridação que contém o blot, misturados cuidadosamente e as bolhas foram completamente removidas. Finalmente, o saco foi novamente selado para incubação durante a noite a 42° C num banho de água com agitação suave.

4.2.7. Lavagem pós-hibridação: Após a hibridação, o blot foi lavado em 500 ml de tampão de lavagem primário (0,5xSSC, 0,4% SDS) duas vezes a 55° C durante 20 minutos cada, com agitação suave, e duas vezes em tampão de lavagem secundário (2x SSC) à temperatura ambiente durante 5 minutos cada, com agitação suave. Em seguida, a mancha foi colocada num recipiente limpo, em condições de humidade, para gerar sinal.

4.2.8. Geração de sinais em película de raios X: Foram adicionados cinco mililitros de cada reagente de deteção 1 e 2 à mancha hibridizada húmida, com o ADN virado para cima, durante 1 minuto. O excesso de reagente de deteção foi drenado da mancha, que foi coberta com película de plástico e fixada rapidamente numa cassete de raios X. Em seguida, esta mancha foi exposta a uma película de raios X numa sala escura durante pelo menos 5 minutos à temperatura ambiente, antes da revelação da película, que produziu um sinal proeminente de hibridação.

4.2.9. Preparação do filtrado de cultura (CF): Os isolados de *Aeromonas* spp. com o gene *act* foram colhidos numa placa de ágar gelatina. Uma porção de uma colónia jovem bem isolada de *Aeromonas* foi inoculada em 5 ml de T1N1 [(1% tripticase (Difco laboratories), 1% NaCL (Fisher Scientific) pH-7.2)] e incubada durante a noite a 37° C num banho de água com agitação (120 rpm/min). Após a incubação, 500 pl de cultura nocturna foram inoculados em 10 ml de meio de Richardson num frasco cónico de 50 ml e incubados durante a noite a 37° C num banho de água com agitação (120 rpm/min). Em seguida, a cultura foi centrifugada numa centrífuga RC5C (RC5C Sorvall Instrument, DU PONT, EUA) a 10 000 rpm durante 15 minutos a 4° C. Após a centrifugação, o sobrenadante foi decantado e esterilizado com um filtro de seringa (poro de 0,22 pm, Gelman Science, EUA). As amostras de CF sem células foram aliquotadas em tubos de centrifugação eppendorf de 1,5 ml e armazenadas a -20° C até à sua utilização. A FC foi também preparada a partir de *Vibrio cholera* 569B (controlo positivo no ensaio RIL), *E. coli* 36004 (controlo positivo no ensaio de ratinhos em aleitamento) e *E. coli* 36000 (controlo negativo no ensaio de ratinhos em aleitamento) seguindo o mesmo procedimento e armazenada de forma semelhante.

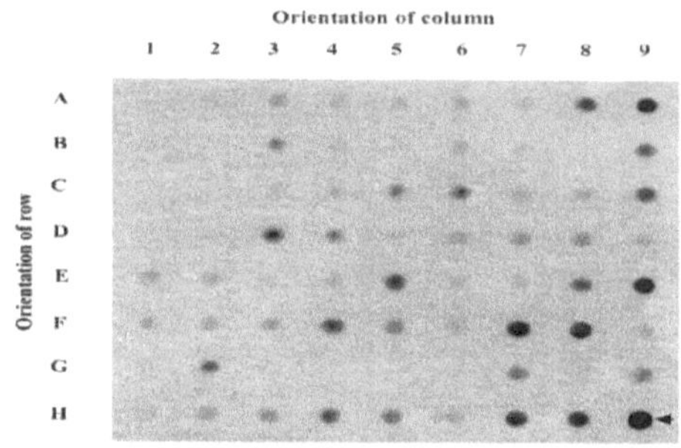

Fig. 4.1 i Película de raios X exposta à membrana da sonda Zeta hibridizada mostrando sinais de hibridização. A seta indica o controlo positivo (orientação II 9)

4.2.10. Inativação térmica do filtrado de cultura (FC): As alíquotas de FC foram completamente descongeladas à temperatura ambiente. Duas alíquotas preparadas a partir da mesma estirpe foram então aquecidas separadamente a 56° C e 100° C durante 20 minutos cada.

4.2.11. Ensaio com ratinhos sugadores: O ensaio com ratinhos lactentes foi efectuado de acordo com o procedimento de Dean *et al.* (1972). Em resumo, um grupo de ratinhos com três dias de idade (estirpe Hanover, NMRI) foi separado das suas mães. 0,1 ml de FC contendo 0,01% (wt/vol) de azul de Evans foi injetado diretamente no estômago branco leitoso de dois dos três ratinhos lactentes e o terceiro, sem injeção de FC, foi utilizado como controlo negativo. Após três horas de incubação à temperatura ambiente (22° C), estes ratinhos foram mortos por deslocamento cervical. Os seus intestinos foram removidos, agrupados e pesados. A acumulação de fluidos foi expressa como o rácio entre o peso do intestino e o restante peso corporal. Um rácio >0,08 foi considerado positivo, enquanto um rácio inferior a este valor foi considerado negativo. A FC preparada a partir de *E. coli* 36004 e *E. coli* 36000 foi inoculada de forma semelhante como controlos positivo e negativo, respetivamente.

4.2.12. Ensaio da ansaio ileal de coelho (RIL): A enterotoxicidade dos isolados de *Aeromonas* spp. com o gene *act* foi testada em RIL de acordo com o procedimento de Sanyal *et al.* (1975). Resumidamente, foram testadas oito amostras em oito anéis separados, cada um com um interloop entre dois anéis consecutivos de um coelho (variedade branca da Nova Zelândia, pesando 1,2 a 1,9 kg). Foi injetado um mililitro de FC em cada ansa do íleo de um coelho, em duplicado, após laparotomia. Na primeira ansa, foi injetado 1 ml de FC de *V. cholerae* 569B como controlo positivo e 1 ml de solução salina normal estéril na oitava ansa como controlo negativo. Nas restantes ansa entre os controlos positivo e negativo, foi inoculado sequencialmente 1 ml de FC de seis isolados de teste. O coelho inoculado foi sacrificado após 16-18 horas de incubação para medir o volume de acumulação de fluido por cm de intestino em cada coelho. A acumulação de fluido igual ou superior a 0,5 ml/cm de intestino foi considerada uma reação positiva no RIL.

4.2.13. Ensaio em células Vero: O efeito citotóxico do filtrado de cultura de *Aeromonas* spp. com o gene *act* foi testado na linha celular Vero (células de rim de macaco verde africano). As células Vero foram cultivadas em Eagle's Minimal Essential Medium (EMEM) suplementado com L-glutamato (2,3 mM), soro fetal bovino inactivado pelo calor (10%) (GIBCO BRL), penicilina (100000 U/L) e estreptomicina (10 mg/L). Duzentos microlitros de células Vero suspensas em EMEM ($2x10^3$ / 200 p) foram colocados em poços de uma placa de microtítulo (96 poços, 15 cm^2 , placas de microtítulo de fundo plano) (Falcon) e incubados a 37° C numa estufa de CO2 humidificada durante três horas para a adesão. Foram preparadas diluições seriadas de duas vezes do filtrado de FC em PBS e foram adicionados 200 pl de amostra de toxina bruta a cada poço da placa de microtítulo que continha células recém-preparadas. Uma placa contendo células Vero e toxina foi incubada a 37° C numa incubadora de CO2 humidificada e a alteração da morfologia celular (morte celular ou arredondamento) foi estudada utilizando um microscópio invertido após 18-24 horas de incubação.

4.2.14. Teste da atividade hemolítica: A atividade hemolítica dos isolados *de Aeromonas* positivos para o gene *act* foi testada numa placa de ágar sangue contendo 5% de sangue de carneiro desfibrinado.
Inicialmente, as estirpes foram subcultivadas em placa de ágar gelatina (GA) e incubadas a 37° C durante a noite.

A superfície inferior da placa de ágar-sangue foi marcada em vários quadrados de 0,7 cm cada e assinalada com o número da estirpe de ensaio. Uma porção de colónia da cultura de *Aeromonas* de um dia para o outro da placa GA foi transferida para uma câmara com o número de isolado correspondente. As placas inoculadas foram incubadas aerobicamente a 37° C durante a noite e em condições microaerofílicas utilizando um frasco de vela. Após a incubação, as estirpes hemolíticas que apresentavam uma zona proeminente de hemólise à volta de cada colónia foram caracterizadas como a, P e y.

4.2.15. Teste de CAMP-hemolisina: As culturas nocturnas de *Aeromonas* spp. com o gene *act* e *Staphylococcus aureus* (ATCC 25923) foram inoculadas a 8 mm de distância numa placa de ágar sangue contendo 5% de sangue de carneiro lavado. As placas inoculadas foram incubadas a 37° C num frasco de vela durante 18-24 horas (Lesmana *et al.* 1994). Após a incubação, os isolados CAMP-positivos de *Aeromonas* só podiam produzir um tipo caraterístico de atividade hemolítica entre o isolado de *Aeromonas* testado e *S. aureus* ATCC 25923.

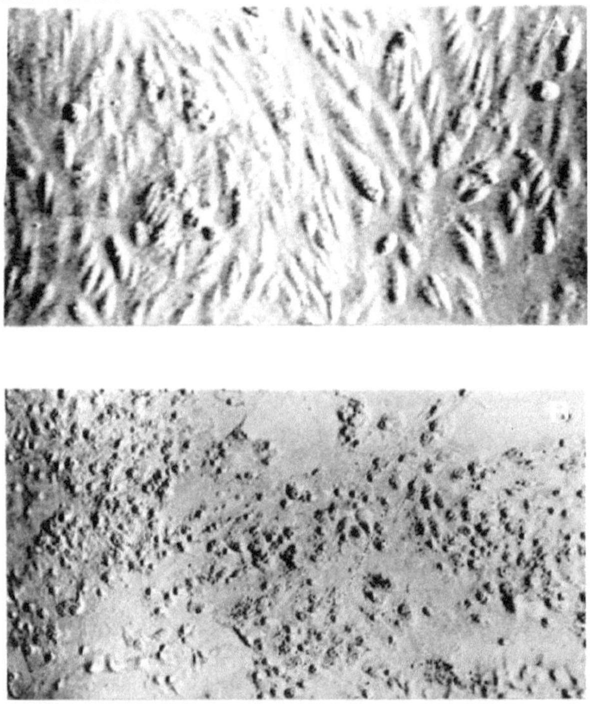

Fig. 4*2* Ensaio em células Vero. O painel A mostra a célula Vero normal e o painel B mostra o efeito tóxico na célula Vero

4.2.16. Teste de suscetibilidade aos medicamentos: A sensibilidade aos antibióticos de *Aeromonas* spp. com gene *act* e de isolados deficientes em gene *act* foi efectuada segundo o método de difusão em ágar de disco único de Bauer *et al.* (1966).

Estes discos foram adquiridos na sua maioria à MAST Diagnostics (MAST group, Merseyside, Reino Unido), exceto quando indicado de outra forma. Os antibióticos e agentes quimioterapêuticos utilizados foram (em microgramas): ampicilina 10, cloranfenicol 30 (Oxoid, Reino Unido), ciprofloxacina 5, co-trimoxazol 25, eritromicina 15, furazolidona 100 (OXOID, Reino Unido) e tetraciclina 30.

4.2.17. Análise dos dados: Foi efectuado um teste de qui-quadrado utilizando o SPSS10 para determinar a diferença entre isolados de *Aeromonas* spp. geneticamente positivos e geneticamente negativos em relação a diferentes bioensaios.

4.3. RESULTADOS

4.3.1. Ensaio de sonda: Obteve-se um sinal proeminente de hibridação a partir de 32 de 69 ADN de *Aeromonas* diferentes pontilhados na membrana Zeta Probe. A película de raios X exposta à membrana Zeta Probe hibridizada é apresentada na Fig. 4.1.

4.3.2. Ensaio de enterotoxicidade em ratinhos lactentes (SMA): Dez CF de 32 isolados de *Aeromonas* spp. com gene *act* positivo e 2 de 31 isolados de *Aeromonas* spp. com gene *act* negativo induziram a acumulação de fluidos no SMA (quadro 4.1). As estirpes de *Aeromonas* spp. com o gene *act* diferiram das estirpes deficientes em termos de enterotoxicidade na AMS. Essa diferença foi significativa (P=0,011) (Tabela-

4.2).

4.3.3. Ensaio em células Vero: CF de 31 isolados de *Aeromonas* spp. com gene *act* positivo e 30 com gene negativo foram testados quanto à citotoxicidade em linha celular Vero. Vinte e cinco dos 31 isolados de *Aeromonas* spp. com gene *act* positivo e 27 dos 30 isolados com gene *act* negativo apresentaram citotoxicidade na linha celular Vero. A citotoxicidade dos isolados de *Aeromonas* spp. positivos para o gene *act* não pôde ser diferenciada dos negativos para o gene act em relação ao ensaio com células Vero. Esta diferença não foi significativa (P=0,473) (quadro 4.2).

4.3.4. Ensaio de ansaio ileal de coelho (RIL): Vinte e seis FC de *Aeromonas* spp. com o gene *act* foram testadas em RIL. Três das 26 FC conseguiram induzir a acumulação de fluidos no ensaio RIL. A acumulação de fluido variou entre 0,9 e 1,3 ml/cm de intestino (Quadro 4.1).

Tabela-4.1. Atividade hemolítica e potencial toxigénico de isolados de *Aeromonas* spp. com genes positivos e negativos em modelo animal e linha celular

Caraterísticas das estirpes (n)	Ensaio em ratinhos sugadores com filtrado de cultura		Ensaio em células Vero com filtrado de cultura		Ensaio de hemolisina CAMP	Ensaio da ansaio ileal de coelho
	Sem aquecimento (amostra positiva/ testada)	Aquecido a 56° C (amostra positiva/ testada)	Sem aquecimento (amostra positiva/ testada)	Aquecido a 56⁰ C (amostra positiva/ testada)	(amostra positiva/ testada)	(amostra positiva/ testada
isolados *act* probe positivos (n=32)	10/30	0/30	25/31	0/31	14/32	3/26
isolados *act* probe positivos (n=31)	2/31	ND	27/30	ND	8/31	ND*

*ND= não efectuado

Tabela-4.2. Diferença entre isolados de *Aeromonas* spp. geneticamente positivos e geneticamente negativos em relação a diferentes bioensaios

Bioensaios	isolados positivos para o gene *act* N.° positivo/ Não. testado	Isolados negativos para o gene *Act* N.° positivo/ N.° testado	Significância exacta (valor P)
Ensaio com ratos sugadores	10/30	2/31	0.011
Ensaio em células Vero	25/31	27/30	0.473
Ensaio de hemolisina	30/31	22/31	0.012
CAMP hemolisina	14/32	8/30	0.192

Tabela-4.3. Teste de sensibilidade a medicamentos de isolados *de Aeromonas* geneticamente positivos e geneticamente negativos

Antibióticos/	Tipo de resposta de	
Quimioterapia	gene *act* positivo	gene negativo de *ação*
agentes	*Aeromonas* spp. (n=24)	*Aeromonas* spp. (n=24)
	Sensível (%)	Sensível (%)
Ampicilina	10(41.7)	4(16.7)
Cloranfenicol	24(100)	24(100)
Ciprofloxacina	24(100)	24(100)
Co-trimoxazol	22(91.7)	21(87.5)
Eritromicina	1(4.2)	0
Furazolidona	24(100)	24(100)
Tetraciclina	23(95.8)	24(100)

4.3.5. Atividade hemolítica: A atividade hemolítica (a e P) dos isolados positivos e negativos para o gene act foi testada em condições aeróbias de incubação nocturna a 37° C numa placa de ágar sangue (Tabela-4.1). A atividade hemolítica (a e P) foi detectada em 30 de 32 isolados de *Aeromonas* spp. positivos para o gene *act* e em 22 de 30 isolados negativos para o gene *act*. Os isolados de *Aeromonas* spp. que contêm o gene *act* diferiram dos isolados deficientes em termos de atividade hemolítica em placa de ágar-sangue. Essa diferença foi significativa (P=0,012) (Tabela-4.2).

Vinte e seis isolados positivos para o gene *act* foram incubados durante a noite a 37° C em condições microaerofílicas (frasco de vela) para estudar o efeito do oxigénio na atividade hemolítica durante a incubação. Destes, 23 apresentaram atividade hemolítica (Quadro 4.1). Três isolados (n.º 97, 155 e 187) produziram atividade P-hemolítica em condições aeróbias, mas estes isolados produziram atividade a-hemolítica em condições microaerofílicas. Além disso, o isolado 26 apresentou atividade a-hemolítica em condições aeróbias, mas este isolado não produziu atividade hemolítica em condições microaerofílicas. A partir deste resultado, pode concluir-se que a atividade hemolítica de *Aeromonas* spp. pode ser aumentada devido à incubação dos isolados em condições aeróbias.

4.3.6. CAMP-hemolisina: A produção de CAM-hemolisina foi detectada em 14 de 32 isolados de

Aeromonas com gene *act* positivo e em 8 de 30 isolados *de Aeromonas* com gene *act* negativo. Alguns dos isolados produziram uma zona CAMP-hemolítica em forma de meia-lua, enquanto outros produziram uma zona P-hemolítica proeminente alargada ao crescimento de *S. aureus*. As estirpes de *Aeromonas* spp. com o gene *act* não puderam ser diferenciadas dos isolados deficientes em gene *act* no que diz respeito ao teste de hemolisina tipo CAMP (P=0,192) (Tabela-4.2).

4.3.7. Padrão de resistência aos medicamentos: Vinte e quatro *Aeromonas* spp. selecionadas aleatoriamente com o gene *act* e um número igual de isolados de *Aeromonas* com o gene act negativo foram testados quanto à sensibilidade aos antibióticos e agentes quimioterapêuticos habitualmente utilizados (quadro 4.3). Todos os isolados positivos para o gene act eram uniformemente resistentes à eritromicina e sensíveis à tetraciclina. No entanto, todos os isolados com gene act positivo e gene negativo foram uniformemente sensíveis ao cloranfenicol, à ciprofloxacina e ao furazolidão. Alguns dos isolados apresentaram um padrão de sensibilidade variável em relação a outros antibióticos (Quadro 4.3).

4.4. DISCUSSÃO

O ensaio em ratinhos sugadores (SMA) foi inicialmente concebido para avaliar a produção de enterotoxina de *E. coli* estável ao calor (Dean *et al.* 1972). Considerando que este ensaio é relativamente mais barato e mais rápido, Burke *et al.* (1981) testaram a enterotoxicidade de estirpes de *A. hydrophila* colhidas em diferentes áreas geográficas e estabeleceram o SMA como modelo de ensaio de enterotoxicidade. Posteriormente, vários investigadores utilizaram com êxito a SMA para testar a enterotoxicidade de *Aeromonas* spp. (Haque *et al.* 1996, Wang *et al.* 1996). No presente estudo, os isolados positivos para o gene *act* apresentaram mais atividade enterotóxica do que os negativos para o gene. A letalidade de ratinhos por injeção de Act foi testada (Ferguson *et al.* 1997), mas não foi avaliada a SMA para testar a enterotoxicidade de Act. Por conseguinte, a partir deste estudo, é evidente que o ensaio SMA poderia ser utilizado como um dos ensaios para testar a enterotoxicidade do Act.

Sanyal *et al.* (1975) demonstraram pela primeira vez a enterotoxicidade de culturas vivas de isolados clínicos e ambientais de *A. hydrophila* no modelo de alça ileal de coelho (RIL). Utilizando este modelo, Annapurna e Sanyal (1977), da Índia, e Wadstrom *et al.* (1976) e Ljungh *et al.* (1981), da Suécia, demonstraram simultaneamente a enterotoxicidade de culturas livres de células de *Aeromonas* isoladas de amostras clínicas e ambientais. Assim, o RIL é um ensaio estabelecido para testar a enterotoxicidade de *Aeromonas*. O RIL pode ser utilizado para detetar a enterotoxina citotóxica de *Aeromonas* (Act) em FC isentas de células de *A. hydrophila* (Ferguson *et al.* 1997). Foi demonstrado que 200 ng é a quantidade mínima de Act necessária para induzir a acumulação de fluido em RIL (Ferguson *et al.* 1997). No presente estudo, a FC de apenas três dos 32 isolados positivos para o gene *Act* conseguiu induzir a acumulação de fluido neste ensaio. Isto deve-se possivelmente ao facto de os isolados geneticamente positivos, para além destes três, terem produzido Act inferior a 200 ng no meio de Richardson, o que não foi detectado no RIL. Para confirmar esta observação, é essencial avaliar vários meios de cultura para uma melhor produção de Act.

A toxina Vero, também designada toxina tipo Shiga, é um dos factores de virulência na patogénese da gastroenterite. Esta toxina foi inicialmente detectada na *Shigella dysenteriae* tipo 1 (Stockbine *et al.* 1988). Posteriormente, esta toxina foi registada principalmente em vários serótipos de *E. coli* (O'Brian *et al.* 1982, Cleary *et al.* 1985) e noutras bactérias (O'Brian *et al.* 1984). *Aeromonas* produtoras de toxina Vero foram registadas em amostras de carne da Austrália (Majeed e Macrae 1994) e em amostras clínicas e ambientais do Japão (Haque *et al.* 1996). Neste estudo, a toxina Vero foi registada em estirpes de *Aeromonas* spp. positivas e negativas para o gene *Act* isoladas do ambiente. Isto indica que tanto os isolados de *Aeromonas* spp. com gene *act* positivo como com gene negativo testados neste estudo são patogénicos para os seres humanos. Este é o primeiro relatório do género no Bangladesh.

As Aeromonas spp. isoladas de peixes (Boulanger *et al.* 1977), espécimes clínicos e amostras ambientais (Burke *et al.* 1982, Singh e Sanyal 2000) podem lisar glóbulos vermelhos (RBC) de diferentes espécies. Em placa de ágar-sangue, *Aeromonas* spp. produzem dois tipos diferentes de hemolisinas, como a e P (Ljungh *et al.* 1982). No presente estudo, as estirpes de *Aeromonas* produziram todos os dois tipos de hemolisinas. Esta observação é consistente com relatórios anteriores do Bangladesh (Parveen *et al.* 1992). Além disso, a hemolisina é um dos factores de virulência de *Aeromonas* (Chakraborty *et al.* 1987). A hemolisina purificada revelou múltiplas propriedades biológicas, incluindo actividades hemolíticas, citotóxicas e enterotóxicas e letalidade em ratos (Asao *et al.* 1984), tal como a de *Aeromonas* (Chopra *et al.* 1993). Embora a atividade hemolítica seja uma das propriedades biológicas do Act, a clonagem molecular e a análise da sequência de ADN do gene *Act* de *A. hydrophila* (Chopra *et al.* 1993) revelaram que este gene diferia significativamente do gene da aerolisina de *A. trota* (Chakraborty *et al.* 1986) e do gene da hemolisina de *A. hydrophila* referido por Asao *et al.* (1984). Devido a este tipo de diferença estrutural na sequência de nucleótidos, a sonda *act*, que foi utilizada neste estudo, possivelmente não conseguiu hibridizar com outros isolados hemolíticos de *Aeromonas* spp.

O teste sinérgico CAMP-hemolisina foi introduzido por Christie *et al.* (1944). Este teste foi utilizado com êxito para diferenciar *V. cholerae* O1 El Tor (positivo) de estirpes clássicas (negativo) (Lesmana *et al.* 1994). Em diferentes espécies de *Aeromonas*, a produção de CAMPhemolisina diferiu em diferentes condições atmosféricas de crescimento, tais como condições aeróbias ou microaerofílicas (Figura e Guglielmatti 1987, Altwegg *et al.* 1990). Com base no teste CAMP-like, Carnahan *et al.* (1991) diferenciaram *A. hydrophila* e *A. veronii* bv. *sobria* (ambos positivos) de *A. caviae* (negativo). Posteriormente, Gubash (1997) realizou o teste de CAMP-hemolisina num grande número de isolados de *Aeromonas* e levantou questões sobre a utilidade do teste CAMP-hemolisina para diferenciar diferentes estirpes de *Aeromonas* spp. No entanto, nenhum destes autores fez qualquer tentativa de correlacionar a patogenicidade de *Aeromonas* com o teste CAMP-hemolisina. No presente estudo, algumas das propriedades patogénicas das *Aeromonas* foram correlacionadas com a CAMP-hemolisina (Tabela-4.2). Assim, os factores patogénicos podem ser facilmente avaliados em isolados *de Aeromonas* frescos, bastando para tal realizar o teste CAMP-hemolisina. Por conseguinte, as propriedades patogénicas de *Aeromonas* podem ser facilmente testadas de forma económica em laboratórios de países em desenvolvimento, onde é frequentemente difícil estabelecer experiências que envolvam hibridação dot-blot, modelo animal e ensaio de cultura de tecidos para testar a enterotoxicidade.

Foi relatado que *Aeromonas* é uniformemente resistente à ampicilina (Joseph *et al.* 1979) e a resistência à ampicilina foi considerada uniforme entre *A. hydrophila* isolada de pacientes diarreicos em Bangladesh (Aziz *et al.* 1986). No presente estudo, a sensibilidade à ampicilina das estirpes de *Aeromonas* com gene *act* positivo e gene *act* negativo foi variável (Quadro 4.3). Esta observação é consistente com o nosso estudo anterior de *Aeromonas* isoladas de peixes infectados (Rahim *et al.* 1984) e amostras de camarões de água doce (Rahim e Aziz 1994). O cloranfenicol não é utilizado para o tratamento da diarreia no Bangladesh, mas alguns isolados de *Aeromonas* de pacientes com diarreia eram resistentes a este antibiótico (Aziz *et al.* 1986). No presente estudo, tanto os isolados geneticamente positivos como os geneticamente negativos foram uniformemente sensíveis ao cloranfenicol. A ciprofloxacina e a furazolidona são utilizadas no tratamento de doenças diarreicas, mas os isolados de *Aeromonas* do presente estudo foram uniformemente sensíveis a estes dois antibióticos. Tanto os isolados de *Aeromonas* spp. geneticamente positivos como os geneticamente negativos deste estudo apresentaram padrões de sensibilidade variáveis em relação ao co-trimoxazol. Estes resultados são consistentes com relatórios anteriores do Bangladesh (Rahim *et al.* 1984, Rahim e Aziz 1994). À semelhança do nosso relatório anterior (Rahim *et al.* 1984), as estirpes geneticamente positivas e negativas do presente estudo apresentaram padrões de sensibilidade variáveis em relação à eritromicina, mas, ao contrário do estudo anterior (Rahim e Aziz 1994), os isolados geneticamente negativos foram uniformemente sensíveis a este antibiótico. Em consonância com o relatório anterior do Bangladesh (Rahim *et al.* 1984, Rahim e Aziz 1994), tanto os isolados com gene act positivo como com gene negativo apresentaram padrões de sensibilidade variáveis em relação à tetraciclina. Em comparação com o nosso estudo anterior (Rahim *et al.* 1984, Rahim e Aziz 1994), foram observadas ligeiras discrepâncias no padrão de sensibilidade dos isolados de *Aeromonas* do presente estudo relativamente a alguns antibióticos e agentes quimioterapêuticos. Este fenómeno deve-se possivelmente à variação ambiental e à diferença de tempo de isolamento.

É evidente a partir deste estudo que os isolados ambientais de *Aeromonas* spp. testados neste estudo (32 de 69) abrigam o gene da enterotoxina citotóxica (*act*). As estirpes que contêm o gene act diferiram significativamente das estirpes deficientes em gene *act* no que diz respeito à enterotoxicidade no ensaio com ratinhos em aleitamento e à atividade hemolítica em placa de ágar-sangue. Além disso, em comparação com as estirpes de *Aeromonas* com o gene *act*, os isolados gene-negativos eram uniformemente resistentes à eritromicina e sensíveis à tetraciclina. Tanto as *estirpes* positivas como as negativas para o gene *act* apresentaram padrões de sensibilidade variáveis em relação aos diferentes antibióticos testados.

Capítulo 5

5. EFEITO DAS CONDIÇÕES DE CULTURA NA PRODUÇÃO DE ENTEROTOXINA CITOTÓXICA POR *AEROMONAS SOBRIA*

5.1. INTRODUÇÃO

Aeromonas é um dos agentes bacterianos associados a infecções entéricas (Teka *et al.* 1999). Está também associada a doenças potencialmente fatais nos seres humanos, como a septicemia (Tabata *et al.* 1999, Ko *et al.* 2000), a meningite (Lin e Cheng 1998), a úlcera da córnea (Carta *et al.* 1994), a infeção pulmonar (Lecler *et al.* 1990) e a síndrome hemolítico-urémica (Fang *et al.* 1999, Robson *et al.* 1992). Foram notificadas infecções de feridas humanas associadas a *Aeromonas* spp. devido à exposição de mergulhadores em águas poluídas (Daily *et al.* 1981).

As Aeromonas spp. são flora autóctone do ambiente aquático. Nos ecossistemas aquáticos, a densidade de aeromonas flutua com as variações dos parâmetros físico-químicos da água (Fliermans *et al.* 1977). Sob certas condições físico-químicas desconhecidas da água, as aeromonas adquirem virulência e infectam uma variedade de animais aquáticos, incluindo peixes (Leblanc *et al.* 1981), jacarés (Shotts *et al.* 1972), golfinhos (Cusick e Bullock 1973) e serpentes (Heywood 1968). *A. hydrophila* também pode infetar animais domésticos, como o cão (Andre-Fontaine 1995) e a vaca (Wohlgemuth *et al.* 1972).

As Aeromonas spp. produzem diferentes factores de virulência (Sanyal *et al.* 1975, Wadstrom *et al.* 1976). Relatórios independentes indicam a produção de enterotoxina termolábil extracelular de *Aeromonas* da Índia (Sanyal *et al.* 1975) e da Suécia (Wadstrom *et al.* 1976, Ljungh *et al.* 1981). Outros investigadores confirmaram posteriormente o papel desta enterotoxina na patogénese das *Aeromonas* (Boulanger *et al.* 1977, Dobrescu *el al.* 1978). Além disso, as aeromonas produzem dois tipos de hemolisinas (a e ß) que podem desempenhar um papel importante na hemorragia e necrose na infeção de feridas *associadas a Aeromonas* (Ljungh *et al.* 1982a e 1982b, Thelestam e Ljungh 1982). A ß-hemolisina de *Aeromonas* spp. pode induzir a acumulação de fluido na ansa ileal de coelho ligada (RIL) (Stelma *et al.* 1986). A enterotoxina de *Aeromonas* purificada e isenta de hemolisina pode induzir o arredondamento de células adrenais de ratinho Y-1 (sem morte), estimular a síntese de adenosina monofosfato cíclica e a secreção de esteróides em células Y-1 e a acumulação de fluido em RIL (Ljungh *et al.* 1981, Ljungh *et al.* 1982c). Possivelmente devido à estreita relação taxonómica entre *Aeromonas* spp. e *Vibrio cholerae,* a enterotoxina de *Aeromonas* spp. pode ter semelhanças estruturais com a da toxina da cólera. Vários investigadores provaram-no através da reação imunológica cruzada da enterotoxina *de Aeromonas* com a toxina da cólera (James *et al.* 1982, Honda *et al.* 1985, Schultz e McCardell 1988, Chopra *et al.* 1996). No entanto, Ljungh e Wadstrom (1982d) não conseguiram demonstrar uma reação imunológica cruzada da enterotoxina *de Aeromonas* com a toxina da cólera. Esta discrepância pode dever-se a diferenças entre isolados de diferentes localizações geográficas.

A produção de diferentes factores associados à virulência de *Aeromonas* spp. foi estudada em vários meios de cultura bacteriológicos com e sem suplemento (Karunakaran e Devi 1994, Tsai *et al.* 1997), extrato de carne (Majeed *et al.* 1991), fluido corporal (Ala Aldeen e Barer 1989, Wilkox *et al.* 1994) e meio sintético (Riddle *et al.* 1981). A produção de factores de virulência, como a enterotoxina, pode ser influenciada por vários factores ambientais, como a temperatura, a composição do meio, o pH, a concentração de sal e o oxigénio dissolvido (Tsai *et al.* 1997). *As Aeromonas* podem produzir exotoxina devido a uma incubação prolongada em extrato de carne de bovino a uma temperatura mais baixa (Majeed *et al.* 1991).

O gene da enterotoxina citotóxica (*act*) de um isolado diarreico de *A. hydrophila* SSU foi clonado, sequenciado e hiperexpresso (Chopra *et al.* 1993) para estudar o papel da enterotoxina na patogénese deste organismo. Foram testadas as actividades biológicas desta proteína (Rose *et al.* 1989a e 1989b). Este estudo foi realizado para examinar o efeito de Ca^{2+} , Mg^{2+} , Fe^{3+} e NaCl na produção de enterotoxina citotóxica (Act) de *A. sobria* isolada do ambiente.

5.2. MATERIAIS E MÉTODOS

5.2.12. Estirpe bacteriana: A estirpe *A. sobria* (estirpe n.º 71), utilizada nesta experiência, foi isolada da água de um lago. Esta estirpe possui o gene da enterotoxina citotóxica (*act)* e o filtrado de cultura desta estirpe mostrou citotoxicidade na linha celular Vero (Asao *et al.* 1984). A estirpe foi armazenada à temperatura ambiente em ágar macio T1N1 (1,0% tripticase, 1,0% NaCl, ágar 7,0%, pH 7,2).

5.2.13. Meios e condições de cultura: Neste estudo, foram avaliados vários meios de cultura líquidos. Estes incluíram: caldo de infusão de coração de cérebro (BHIB, DIFCO, EUA), caldo de soja tripticase com extrato de levedura (TSB, DIFCO EUA), extrato de levedura de casaminoácido (CYE) e meio de Richardson (composição por litro: casaminoácido 20.0g, Na2HPO4 0.15g, NaCl2.5g, Tris-HCl l0.65g, K2HP04 3.67g, extrato de levedura 6.0g, sal vestigial 1.0 ml, pH 8.0).

5.2.14. Preparação da cultura nocturna: A cultura de reserva do ágar mole T1N1 foi subcultivada assepticamente numa placa de ágar gelatina e incubada de um dia para o outro a 37° C. Após a incubação, uma colónia bem isolada foi inoculada em 10 ml de BHIB e incubada de um dia para o outro a 37° C num banho de água com agitação (120 oscilações por minuto) (agitador de banho de água, MM-10, Ogawa Seiki Co., LTD., Tóquio, Japão).

5.2.15. Experiência com catiões divalentes: Foi preparada uma solução-mãe de quinhentos milimoles (mom) de cloreto de cálcio (CaCl2) e sulfato de magnésio (MgSO4. H2O), esterilizada por filtração (poro de 0,22 pm; Millipore Corporation, EUA). $CaCl_2$ e MgS04 (H2O) foram adicionados ao BHIB recém-preparado e esterilizado a uma concentração final de 1 mM e 10 mM, respetivamente. Estes meios foram incubados durante a noite a 37° C para garantir a esterilidade. Foram adicionados 0,5 ml de caldo de cultura nocturna de *A. sobria* a 10 ml de meios esterilizados e incubados durante a noite a 37° C num banho de água com agitação (120 oscilações por minuto). Após a incubação, a concentração bacteriana foi determinada numa placa de ágar nutriente (DIFCO), seguindo o método da placa gota a gota (Hoben e Somasegaran 1982). Para preparar o sobrenadante, a cultura noturna BHIB (5,0 ml) foi centrifugada a 10.000 rpm usando a centrífuga Sorvall (RC5C, Sorvall Instruments, DUPONT, EUA) a 4° C. O sobrenadante foi recolhido noutro frasco de vidro pré-esterilizado e esterilizado por filtração (tamanho de poro de 0,22 um; Millipore Corporation, EUA). Esta experiência foi repetida duas vezes.

4.4.1. Experiência com ferro: Preparou-se uma solução-mãe de cloreto férrico (FeCl3) a 500 mM, que foi esterilizada por filtração, tal como indicado acima. A solução de FeCl3 foi adicionada a 10 ml de BHIB recentemente preparado e esterilizado para uma concentração final de 200 e 2000 pM em frascos cónicos separados. Estes meios foram pré-incubados durante a noite a 37° C para garantir a esterilidade. Os meios contaminados foram deitados fora. Adicionaram-se 0,5 ml de caldo de cultura noturno de *A. sobria* a 10 ml de BHIB e incubou-se durante a noite a 37° C num banho-maria com agitação (120 oscilações por minuto). Após a incubação, a concentração bacteriana foi determinada numa placa de ágar nutriente (DIFCO, EUA) seguindo a técnica da placa gota a gota (Hoben e Somasegaran 1982). Para preparar o sobrenadante, a cultura BHIB de um dia para o outro (5,0 ml) foi centrifugada a 10.000 rpm utilizando uma centrífuga Sorvall a 4° C. O sobrenadante foi recolhido noutro frasco de vidro pré-esterilizado e posteriormente esterilizado por filtração, tal como mencionado acima. Esta experiência foi repetida duas vezes.

4.4.2. Experiência com cloreto de sódio: O BHIB foi preparado de acordo com as instruções do fabricante. A cada alíquota de 10 ml de BHIB, foi adicionado NaCl a uma concentração final de 0,5%, 1,0%, 1,5% e 2,0% em diferentes frascos antes da esterilização. Cada um dos frascos foi inoculado com 0,5 ml de caldo de cultura de um dia para o outro e incubado de um dia para o outro a 37° C num banho de água com agitação (120 oscilações por minuto). Após a incubação, a densidade bacteriana foi determinada numa placa de ágar nutriente (DIFCO) segundo a técnica da placa gota a gota (Hoben e Somasegaran 1982). Para preparar o sobrenadante, a cultura nocturna foi centrifugada a 10.000 rpm utilizando uma centrifugadora Sorval a 4° C. O sobrenadante foi recolhido noutro frasco de vidro pré-esterilizado e posteriormente esterilizado por filtração, tal como mencionado acima. Esta experiência foi repetida duas vezes.

4.4.3. Ensaio em células Vero: O efeito citotóxico do filtrado de cultura contendo enterotoxina citotóxica bruta foi testado na linha celular Vero (células de rim de macaco verde africano) (Asao *et al.* 1984). A linha celular Vero foi cultivada em meio de cultura de tecidos 199 suplementado com sais de Eagles e L-glutamato (2,3 mM), soro fetal bovino inactivado pelo calor (10%) (GIBCO BRL, EUA), penicilina (100000 U/L), estreptomicina (100 mg/L) e gentamicina (50 mg/L). Foram adicionados duzentos microlitros de suspensão de células Vero em meio de cultura de tecidos 199 (2x103/ 200 nil I) em cada poço de uma placa de microtitulação (96 poços, fundo plano, Falcon, EUA) e incubados a 37° C numa incubadora humidificada com CO2 durante três horas para permitir a adesão. Após a incubação, adicionou-se a cada poço da placa de microtítulo 200 pl de filtrado de cultura diluído (diluição seriada de duas vezes da toxina bruta em PBS). A placa contendo células Vero e toxina foi incubada a 37° C numa incubadora humidificada com CO2. A alteração da morfologia celular (morte celular ou arredondamento) foi estudada utilizando um microscópio de contraste de fase invertido após 18-24 horas de incubação. Os poços que continham 50% de células afectadas foram considerados positivos.

5.3. RESULTADOS

5.3.1. Meios para a produção de enterotoxina citotóxica (Act): Dos quatro meios líquidos testados, o título mais elevado de Act foi produzido em BHIB. Por conseguinte, as experiências subsequentes foram efectuadas utilizando o meio BHIB.

5.3.2. Efeito do cálcio e do magnésio na produção de Act: O efeito do cálcio na produção de Act foi estudado em BHIB suplementado com CaCl2. Em comparação com o BHIB sem suplemento, observou-se um aumento de 2 vezes do título de Act quando o BHIB foi suplementado com 1 mM de CaCl2. Nesta concentração de CaCl2, a densidade de *Aeromonas* diminuiu um log em comparação com o BHIB sem suplemento. Quando o BHIB foi suplementado com 10 mM de CaCl2, a produção de Act diminuiu, mas a concentração bacteriana foi comparável à de BHIB sem suplemento (Tabela-5.1).

Tabela-5.1. Efeito de diferentes suplementos de BHIB na produção de Act e no crescimento bacteriano de um isolado de *A. sobria* positivo para o gene *Act*

Tratamentos	Concentração	Título de citotoxina	Concentração de células bacterianas (n.º/ml)
Nenhum		120	2.2×10^{10}
Cloreto de cálcio	1,0 mM	240	7.5 x 109
	10,0 mM	120	2.2×10^{10}
Sulfato de magnésio	1,0 mM	120	3.39×10^{10}
	10,0 mM	320	3.6×10^{10}
Cloreto férrico	200 uM	160	6.4×10^{10}
	2000 uM	160	1.7×10^{10}
Cloreto de sódio	0.5%	160	1.7×10^{10}
	1.0%	120	2.1×10^{10}
	1.5%	120	6.1×10^{10}
	2.0%	80	4.5 x 109

O BHIB foi suplementado com sulfato de magnésio para estudar o efeito do Mg^{2+} na produção de Act. A suplementação do BHIB com 10 mM de MgSO4 induziu a produção de 2,7 vezes o aumento do título de Act em comparação com o BHIB simples. No entanto, a adição de 1 mM de MgSO4 não aumentou a produção de Act em comparação com o BHIB simples. As concentrações bacterianas no BHIB suplementado com as duas concentrações de MgSO4 acima referidas foram comparáveis às do BHIB sem suplemento. Estes resultados sugerem que os catiões divalentes, como o Ca^{2+} e o Mg^{2+}, podem ser necessários para suplementar o BHIB para a produção de um título mais elevado de Act (Tabela-5.1).

5.3.3. Efeito da suplementação com ferro na produção de Act: O BHIB foi suplementado com FeC13 para estudar o efeito do ferro na produção de Act. A suplementação do BHIB com 200 e 2000 LIM FeC13 indicou um aumento de 1,3 vezes da produção de Act em comparação com o BHIB sem suplemento. O crescimento bacteriano no BHIB suplementado com as duas concentrações de FeC13 acima referidas foi comparável ao do BHIB sem suplemento (Tabela-5.1).

5.3.4. Efeito da suplementação com cloreto de sódio na produção de Act: O BHIB foi suplementado com diferentes concentrações de NaCl para estudar o seu efeito na produção de Act. Em comparação com o BHIB simples, o título de Act aumentou ligeiramente devido à suplementação do BHIB com 0,5% de NaCl. A suplementação do BHIB com 1,0 e 1,5% de NaCl induziu uma produção de Act comparável à do BHIB sem suplemento. O crescimento bacteriano devido à suplementação do BHIB com 0,5, 1,0 e 1,5% de NaCl foi comparável ao do BHIB simples. Tanto o crescimento bacteriano como a produção de Act foram inibidos quando o BHIB foi suplementado com 2,0% de NaCl (Quadro 5.1).

5.4. DISCUSSÃO

O gene da enterotoxina citotóxica (*Act*) foi clonado e sequenciado a partir de um isolado diarreico de *A. hydrophila* SSU (Chopra *et al.* 1993). A enterotoxina citotóxica (Act) é um polipéptido único de 52 kDa (Rose *et al.* 1989a). A citotoxicidade é uma das actividades biológicas da Act (Rose *et al.* 1989b). Esta toxina é segregada como um precursor inativo e subsequentemente convertida numa forma ativa por actividades proteolíticas (Chopra *et al.*1993). Esta proteína cria poros nas membranas dos eritrócitos (Ferguson *et al.* 1997). A atividade hemolítica da Act é afetada quando pré-incubada com colesterol. Neste estudo, *A. sobria* foi cultivada em BHIB suplementado com catiões divalentes (Ca^{2+} e Mg^{2+}), ferro e diferentes concentrações de cloreto de sódio para estudar o seu efeito na produção de Act, que foi testada na linha celular Vero.

Neste estudo, foram avaliados quatro meios {caldo de infusão de coração de cérebro (BHIB, DIFCO, EUA), caldo de soja tripticase com extrato de levedura (TSB, DIFCO, EUA), extrato de levedura de casaminoácido (CYE) e meio de Richardson} para determinar o meio e as condições ideais para a produção de Act. Neste estudo, o título mais elevado de citotoxina foi produzido em BHIB. Este resultado é consistente com as conclusões de Tsai *et al.* (1997). É possível que alguns componentes destes meios aumentem a produção e o subsequente transporte de Act para fora da parede celular. Por outro lado, a incapacidade de produzir quantidades significativas de Act noutros meios pode dever-se à inibição da síntese de toxina ou à incapacidade de transportar quantidades significativas de toxina para fora da parede celular.

Os iões metálicos são utilizados como co-factores de diferentes enzimas. A suplementação do meio de cultura com alguns destes iões estimula o crescimento bacteriano e a produção de agentes patogénicos, como a P-hemolisina de *A. caviae* (Karunakaran e Devi 1994). Na presente investigação, o aumento da produção de Act devido à suplementação de BHIB com Ca^{2+} e Mg^{2+} indica um mecanismo semelhante de produção de toxina em A. sobria com o gene da enterotoxina citotóxica (act). Esta observação também é apoiada por experiências relacionadas com a regulação de Act na presença de Ca^{2+} (Sha et al. 2001).

O crescimento bacteriano requer ferro solúvel como um dos nutrientes essenciais necessários para muitos processos biológicos do organismo, incluindo a cadeia de transporte de electrões e também como cofator de certas enzimas (Neilands 1981). Em condições de limitação de ferro, Aeromonas spp. produz compostos quelantes de ferro conhecidos como sideróforos. Este composto ajuda a Aeromonas a solubilizar o ferro e torna-o bioativo. Neste estudo, a suplementação de BHIB com ferro aumentou ligeiramente a produção de Act. Esta observação é inconsistente com a produção de P-hemolisina por *A. caviae* (Karunakaran e Devi 1994).

O cloreto de sódio é um dos componentes importantes de um meio de cultura bacteriológico. A adição de cloreto de sódio ao meio aumenta a produção de factores de virulência, tais como a enterotoxina (Nishibuchi *et al.*1988) e a hemolisina (Tison e Kelly 1984, Rahim e Aziz 1996) para alguns membros de *Vibrionaceae*. Quantidades excessivas de cloreto de sódio podem afetar negativamente o crescimento bacteriano. No presente estudo, a produção de Act aumentou com a adição de 0,5% de cloreto de sódio em BHIB. Com o aumento gradual da concentração de cloreto de sódio no meio, a produção de citotoxina diminuiu gradualmente. Esta tendência é consistente com a produção de hemolisina por estirpes de *V. fluvialis* (Rahim e Aziz 1996) e com a produção de citotoxina e hemolisina de *A. hydrophila* (Tsai *et al.* 1997) em BHIB.

Este estudo demonstrou que o BHIB induziu a produção de um título mais elevado de Act em comparação com outros meios testados. A produção de Act foi aumentada quando o BHIB foi suplementado com concentrações óptimas de ferro, cálcio, magnésio e cloreto de sódio. São necessários mais estudos para compreender o mecanismo de ação destes produtos químicos na patogénese de A. sobria in vitro e in vivo.

Capítulo 6

6. DETECÇÃO DE PILUS E ANTIGÉNIO O:34 EM ISOLADOS POSITIVOS PARA O GENE DA ENTEROTOXINA CITOTÓXICA DE *AEROMONAS* SPP.

6.1. INTRODUÇÃO

Os mecanismos geralmente aceites para exercer a enteropatogenicidade dos agentes patogénicos entéricos são a adesão ao epitélio intestinal, a colonização e a secreção de toxinas ou a invasão dos enterócitos. *A* colonização intestinal por *Aeromonas* é mediada por componentes não estruturais da parede celular conhecidos como lectinas (Ascensio *et al.* 1991). Foram registados diferentes tipos de lectinas de *Aeromonas* spp. (Roberts e Steigbigel 1977, Ascensio *et al.* 1991). Os pili são componentes estruturais da parede celular e também estão associados à colonização. Os pili de *Aeromonas* são designados pili de tipo IV devido às suas semelhanças estruturais com os pili de tipo IV de *Neisseria e Pseudomonas* (Barnett *et al.* 1997). Os isolados fecais humanos podem produzir duas famílias distintas de pili de tipo IV (Barnett *et al.* 1997). Os isolados diarreicos humanos de *A. veronii* bv. *sobria* e *A. caviae* podem produzir pili formadores de feixes (Bfp) quando cultivados em condições *in vitro* (Kirov e Sanderson 1996, Kirov *et al.* 1998). Os pili Bfp são factores de colonização importantes (Kirov *et al.* 1999) e também foram isolados de *A. hydrophila.* Alguns isolados de *A. hydrophila* podem produzir uma quantidade abundante de pili de tipo I (Honma e Nakasone 1990). A sequência N-terminal de Bfp de *A. sobria* mostra homologia com os pili de hemaglutinação sensíveis à manose de *V. cholerae*. O Bfp foi purificado de todas as espécies de *Aeromonas* isoladas de fezes diarreicas, mas estes pili não foram caracterizados a nível molecular (Kirov *et al.* 1999). TAP é outro pilus de tipo classe IV da *estirpe* TAP13 de *A. sobria* (Iwanaga e Hokama 1992). Este pilus foi inicialmente isolado de *A. hydrophila* (estirpe Ah65) (Pape *et al.* 1996). O pilus TAP difere do Bfp no que respeita ao peso molecular e à sequência de aminoácidos N-terminal. No entanto, a sequência de aminoácidos N-terminal do pilus TAP apresenta homologia com o pilus de tipo IV de *Pseudomonas aeruginosa* e *Neisseria* spp. (Barnett *et al.* 1997). No entanto, não há registo de pilus específico do serótipo de *Aeromonas.*

Os isolados bioquimicamente semelhantes de *Aeromonas* spp. podem ser facilmente diferenciados pela sua estrutura antigénica da parede celular. Com base na estrutura antigénica da parede celular, foram propostos vários esquemas de serotipagem por diferentes grupos de cientistas (Sakazaki e Shimada 1984, Cheasty *et al.* 1988, Misra *et al.* 1989, Merino e Tomas 1988). De entre os vários serótipos, o O:34 tem sido cada vez mais isolado de casos de septicemia e de infecções de feridas em seres humanos (Kokka *et al.* 1991, Janda *et al.* 1994). Este serótipo específico de *Aeromonas* foi incriminado como um dos agentes etiológicos associados à mortalidade devida a uma doença grave dos peixes (Lallier *et al.* 1984, Merino *et al.* 1989). Por conseguinte, *as Aeromonas* spp. pertencentes ao serótipo O: 34 são consideradas patogénicas para os peixes e para os seres humanos.

No Bangladesh, foram isoladas estirpes de *Aeromonas* de várias fontes, tais como peixes infectados (Rahim *et al.* 1984, 1985), camarões (Rahim e Aziz 1994) e alguns componentes bióticos de um ecossistema de lago (Islam *et al.* 1992). Alguns isolados mostraram atividade hemolítica e enterotoxicidade (Rahim *et al.* 1984, Rahim e Aziz 1994), mas os isolados do Bangladesh não foram testados quanto à presença de pili e antigénio O: 34. No presente estudo, os isolados positivos para o gene da enterotoxina citotóxica foram testados quanto a estes dois parâmetros.

6.2. MATERIAIS E MÉTODOS

6.2.1. Isolados bacterianos: Trinta e seis isolados de *Aeromonas* spp. positivos para o gene da enterotoxina citotóxica (*act*) foram utilizados neste estudo. Estas estirpes foram isoladas de amostras de lentilha d'água (*Lemna minor*), água e peixe entre agosto de 1994 e julho de 1995. O gene *act* foi detectado através da hibridação de blots de colónias com um fragmento de restrição de 0,6 kb do plasmídeo pXHC95 (Xu et *al.* 1998).

6.2.2. Preparação do antigénio O: *A* estirpe de tipo bacteriano *A. hydrophila* Aer 223 foi obtida do Dr. M. Janda, EUA. A estirpe foi subcultivada numa placa de ágar de MacConkey e incubada a 37° C durante a noite. Após a incubação, uma colónia típica de aeromonada bem isolada foi inoculada numa placa de ágar de soja tríptico contendo glucose (0,1%) e incubada de um dia para o outro à temperatura ambiente. Após a incubação, a cultura foi ressuspensa numa solução de NaCl a 0,85% do slant e fervida durante 1,5 horas. As células fervidas foram lavadas três vezes em solução de NaCl a 0,85% e finalmente ressuspendidas em NaCl a 0,85% com uma turvação de 1 a OD540.

6.2.3. Imunização de coelhos: Foram utilizados coelhos brancos da Nova Zelândia com um peso de 1,2 a 1,9 kg para a criação de soros correspondentes ao antigénio O:34 da estirpe tipo *A. hydrophila* Aer 223, seguindo o procedimento de Janda *et al.* (1987). Foram imunizados dois coelhos. Antes de iniciar o programa de imunização, foram colhidos 5 ml de sangue de cada coelho para obter soros pré-imunes a utilizar como controlo negativo para o teste de aglutinação.

Os coelhos foram imunizados através da veia da orelha com um volume crescente de antigénio duas vezes por semana durante três semanas, por exemplo, na primeira semana 0,25 e 0,5 ml, na segunda semana 1,0 e 2,0 ml e na terceira semana 3,0 ml. Durante o decurso da imunização, as concentrações de células foram sempre mantidas iguais às mencionadas acima. Na quarta semana, foi colhido soro de 5,0 ml de sangue de ambos os coelhos imunizados e foi medido o título de anticorpos correspondente à estirpe tipo utilizada para imunizar os coelhos. No caso de um título baixo, o coelho foi reforçado uma vez e o soro imune foi recolhido na semana seguinte. O título de anticorpos correspondente à estirpe-tipo foi medido pelo método de diluição em tubo (Albert *et al.* 1995).

6.2.4. Deteção do antigénio O:34: Os isolados com o gene *act* foram subcultivados em ágar Luria-Bartani (L-B) e incubados a 37oC durante a noite. Após a incubação, a cultura foi ressuspensa numa solução de NaCl a 0,85% e fervida durante 1,5 horas. As células fervidas foram lavadas três vezes numa solução de NaCl a 0,85%. As células lavadas foram emulsionadas com soros imunes numa lâmina de vidro limpa para verificar a presença do antigénio O:34 na parede celular (Kokka e Janda 1990).

6.2.5. Microscopia eletrónica: Os isolados *de Aeromonas* foram retirados da cultura de reserva em placa de ágar LB a 37oC. Uma colónia típica de aeromonas isolada foi inoculada em 5,0 ml de caldo LB e incubada durante a noite aerobicamente a 37° C sem agitação. Após a incubação, a cultura foi colocada numa grelha de carbono, corada com acetato de uranilo a 2,0% e examinada ao microscópio eletrónico de transmissão 420T para deteção de pili e flagelos.

6.3. RESULTADOS E DISCUSSÃO

Atkinson *et al.* (1987) relataram uma proteína da membrana externa de 43 kDa. antigénio do fator de colonização de *Aeromonas*. Esta proteína foi designada como A6-HAG. Aglutinava eritrócitos de diferentes espécies. Mas o seu papel na colonização da parede intestinal não foi provado. Por outro lado, Hokama *et al.* (1990) registaram pili ondulado-flexível de *A. hydrophila* Ae6 e provaram experimentalmente a sua capacidade de colonizar o intestino humano e de coelho. Neste estudo, foram incluídos 27 isolados de *Aeromonas* spp. positivos para o gene *act*. Destes, 8 isolados eram *A. hydrophila* e 19 eram *A. sobria*. Estas estirpes foram isoladas de água (n=13), lentilha d'água (n=10), brânquias (n=2) e conteúdo intestinal (n=2) de peixes. Foram detectados pili em 13 isolados. Destes, 11 isolados eram *A. sobria* e 2 eram *A. hydrophila*. Estes foram isolados da água (n=5), lentilha d'água (n=4), brânquias (n=2) e conteúdo intestinal (n=2) de peixes (Tabela-6.1).

Em geral, *as Aeromonas* spp. produzem vários tipos de pili. Algumas estirpes produzem pili longos, ondulados e flexíveis (Hokama e Iwanaga 1992, Iwanaga e Hokama 1992), enquanto outras produzem pili flexíveis e rígidos (Honma e Nakasone 1990, Hokama *et al.* 1990). Os pili rígidos de *A. hydrophila* Ae6 estão associados à auto-aglutinação (Honma e Nakasone 1990), mas os pili ondulados-flexíveis de *A. hydrophila* Ae6 desempenham um papel na adesão à parede intestinal. As estirpes testadas neste estudo produziram um tipo de pili flexível ondulado (Fig. 6.1). São necessários mais estudos para compreender o papel destes pili na patogénese de *Aeromonas*.

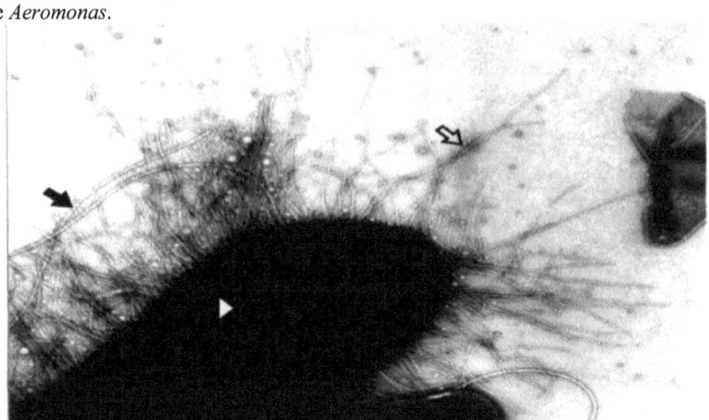

Fig. 6.1. Micrografia eletrónica mostrando pili (seta oca), flagelos (seta sólida) e célula de aeromonada (trângulo oco) (69, 0(10 X)

As estirpes de *Aeromonas* que pertencem ao serogrupo O: 34 são altamente virulentas em modelos animais; algumas estirpes deste serótipo produzem consistentemente propriedades estruturais e enzimáticas associadas a infecções humanas (Khashe *et al.* 1996). Neste estudo, o antigénio O:34 foi detectado em 11 isolados. Destes, 9 isolados eram *A. sobria* e 2 eram *A. hydrophila*. As estirpes positivas para o antigénio O:34 foram isoladas da água (n=3), lentilha d'água (n=6), brânquias (n=1) e conteúdo intestinal (n=1) de peixes (Tabela-1). A deteção do antigénio O:34 foi relatada entre os isolados de fontes humanas, animais e ambientais (Khashe *et al.* 1996). No entanto, neste estudo, todas as estirpes foram isoladas do ambiente aquático e a maioria dos isolados de *A. sobria* apresentava o antigénio O:34, ao passo que Khashe *et al.* (1996) detectaram o antigénio O:34 principalmente em estirpes de *A. hydrophila* isoladas de diferentes fontes, incluindo seres humanos, animais e ambiente. Esta discrepância pode dever-se à diferença geográfica e ambiental dos isolados. Neste estudo, os antigénios pili e O: 34 foram detectados mais entre os isolados de *A. sobria* do que entre os isolados de *A. hydrophila.* Estes resultados sugerem que alguns isolados *act* gene-positivos de *A. sobria* e *A. hydrophila* possuem órgãos para aderir ao epitélio intestinal e iniciar a infeção entérica. São necessárias mais experiências em cultura de tecidos e em modelo animal para confirmar o comportamento patogénico destes isolados com pili e gene act. No entanto, não existe qualquer relação entre o pilus e o serótipo O:34 e a presença do gene act em *Aeromonas* spp.

Quadro-6.1 Deteção de pili, flagelos e antigénio O:34 em isolados geneticamente positivos de *Aeromonas* spp.

Isolamento n.º.	PILI	Flagelos	Antigénio O:34	Fontes	Espécies
25	+	+	+	W	*A. sobria*
26	-	+	+	W	*A. sobria*
33	+	+	+	FG	*A. sobria*
43	+	+	-	DW	*A. sobria*
48	-	+		DW	*A. sobria*
51	-	+	+	DW	*A. sobria*
52	-	+	+	DW	*A. sobria*
55	-	+	+	DW	*A. sobria*
58	+	+	-	W	*A. hydrophila*
59	+	+	+	FI	*A. sobria*
64	+	+	-	FG	*A. sobria*
71	+	+	-	W	*A. sobria*
75	-	+	-	W	*A. sobria*
77	+	+	-	W	*A. sobria*
79A	-	+	-	W	*A. hydrophila*
85	+	+	+	DW	*A. hydrophila*
91	-	+	+	DW	*A. sobria*
97	+	+	+	DW	*A. sobria*
107	+	+	+	DW	*A. sobria*

137	-	+	-	W	*A. hydrophila*
139	-	+	-	W	*A. hydrophila*
155	-	+	-	W	*A. hydrophila*
167	-	+	-	W	*A. hydrophila*
176	-	+	+	W	*A. hydrophila*
177	+	+	-	DW	*A. sobria*
187	+	+	-	W	*A. sobria*

W= água, Dw= lentilha de água, Fg= guelras de peixe, FI= conteúdo intestinal de peixe

OBSERVAÇÕES FINAIS

As Aeromonas spp. são flora autóctone do ambiente aquático. No Bangladesh, esta bactéria foi isolada de diferentes ecossistemas aquáticos, incluindo lagoas, rios, lagos, plantas aquáticas, fito e zooplâncton, peixes ulcerados, camarões, bem como de fezes de doentes diarreicos e não diarreicos. Os isolados de *Aeromonas* provenientes destas fontes do Bangladesh revelaram potencial toxigénico quando testados em modelos animais e em linhas celulares. Alguns dos isolados eram resistentes a antibióticos, como a ampicilina, a eritromicina, a tetraciclina, etc. Por conseguinte, a presença de *Aeromonas* no ambiente aquático constitui um problema de saúde pública. No entanto, existem algumas lacunas de informação sobre o impacto dos parâmetros físico-químicos da água na densidade de Aeromonas, na densidade de fagos *de Aeromonas* e no potencial patogénico de *Aeromonas* spp. ambientais que albergam o gene da enterotoxina citotóxica. Além disso, a presença de pilus, o padrão de resistência aos medicamentos e o potencial patogénico de isolados de Aeromonas spp. positivos para o gene da enterotoxina citotóxica não foram abordados anteriormente.

Foram detectadas *Aeromonas* em todos os tipos de amostras estudadas, incluindo água, plantas aquáticas e peixes, ao longo de todo o ano. Dos vários locais de amostragem, a maior densidade de *Aeromonas* foi detectada em águas de esgotos não tratadas. Não houve sazonalidade aparente de *Aeromonas* isolados de diferentes tipos de amostras. No entanto, a densidade de *Aeromonas* na água apresentou dois picos aparentes, um em janeiro-fevereiro e outro em maio. Sugerem-se mais estudos para confirmar a sazonalidade e a incidência de *Aeromonas* spp.

A correlação dos parâmetros físico-químicos da água com a incidência e a densidade de *Aeromonas* é uma descoberta importante deste estudo. A densidade de *Aeromonas* nas brânquias e no conteúdo intestinal dos peixes correlacionou-se com o pH e a condutividade na área sem águas residuais ($P<0,001$) e apenas com a temperatura nas áreas com e sem águas residuais ($P<0,01$). A densidade de *Aeromonas* na água correlacionou-se bem com a condutividade ($P<0,001$) apenas na área de águas residuais. No entanto, não se observou uma correlação uniforme da densidade de *Aeromonas* com todos os parâmetros físico-químicos em ambos os locais de amostragem. É possível que isso se deva à análise de poucas amostras durante o período de um ano. Devem continuar a ser efectuados estudos semelhantes para determinar a sazonalidade.

A hemolisina é um dos factores patogénicos das *Aeromonas.* A atividade hemolítica está correlacionada com a enterotoxicidade. As actividades hemolíticas a e P foram detectadas em todas as três espécies de *Aeromonas*, tais como *A. hydrophila*, *A. sobria* e *A. caviae.* A literatura publicada sugere que a P-hemolisina é mais tóxica do que a a-hemolisina. É importante mencionar aqui que, pela primeira vez no Bangladesh, foi detectada atividade P-hemolítica em isolados de *A. caviae.* A deteção de P-hemolisina em isolados de *A. caviae* reforça o argumento de que as estirpes desta espécie são igualmente patogénicas como outras espécies de *Aeromonas* isoladas do ambiente do Bangladesh.

A lentilha de água pode ser cultivada em águas residuais para o tratamento de águas poluídas e a mesma lentilha de água pode ser usada como alimento para peixes sem afetar negativamente a piscicultura. A água de esgoto cultivada também é segura para as pessoas que manuseiam a água de esgoto e os peixes. Estas observações sugerem que as lentilhas de água podem ser usadas como agentes biológicos seguros para o tratamento de águas residuais. As presentes descobertas sugerem que, simultaneamente, a mesma água de depuração pode também ser usada como alimento para peixes.

Os fagos de *A. hydrophila* estão distribuídos em amostras de lagoas contaminadas por esgotos e não contaminadas do Bangladesh. É a primeira vez que se isolam fagos de *Aeromonas* no Bangladesh. As concentrações de fagos de *Aeromonas* são mais elevadas nas amostras não contaminadas do que nas contaminadas por esgotos. Estes fagos são específicos de *Aeromonas.* É essencial alargar este trabalho de modo a constituir um esquema de tipagem de fagos para a identificação e tipagem rápidas de estirpes de *A. hydrophila.*

A enterotoxina citotóxica é um dos factores de virulência na patogénese de *Aeromonas* spp. O gene para a enterotoxina citotóxica (*act*) foi detectado em metade dos isolados ambientais de *Aeromonas* spp. examinados neste estudo. No entanto, todos os isolados positivos para o gene *act* não conseguiram induzir enterotoxicidade de forma uniforme em modelos animais e linhas celulares testadas. É possível que isso se deva ao facto de as estirpes que não induziram toxicidade poderem ter genes truncados, que são incapazes de produzir uma toxina biologicamente ativa. Esta toxina mutada não exerce toxicidade no modelo animal padrão e na linha celular. Para confirmar esta hipótese, o gene dos isolados positivos deve ser sequenciado e comparado com o gene de tipo selvagem que codifica o *act.* A outra possibilidade é que a enterotoxina citotóxica produzida no núcleo seja posteriormente inactivada quando é excretada fora da célula. São necessários mais trabalhos para confirmar esta hipótese.

A diarreia é uma doença auto-limitada. Assim, não é necessário antibiótico para o tratamento desta doença. No entanto, para encurtar a duração da diarreia, os médicos prescrevem muitas vezes antibióticos para conforto dos doentes. Por conseguinte, são necessários dados de testes de suscetibilidade a antibióticos para a prescrição de antibióticos para o tratamento da diarreia *associada a Aeromonas*. O teste dos padrões de sensibilidade aos antibióticos dos isolados positivos e negativos para o gene da toxina revelou padrões de sensibilidade variáveis em relação aos antibióticos normalmente utilizados. É alarmante notar que estes isolados (gene da toxina positivo e gene negativo) eram uniformemente sensíveis ao cloranfenicol, à ciprofloxacina e ao furazolidão. Isto indica que os agentes patogénicos entéricos adquiriram resistência aos antibióticos habitualmente utilizados em resultado do seu abuso em qualquer tipo de infeção ligeira. Por conseguinte, devem ser formuladas diretrizes nacionais para a utilização e dispensa adequadas de antibióticos na comunidade.

O gene da enterotoxina citotóxica (*act*) foi detectado em estirpes de *Aeromonas* spp. Mas os meios de cultura e as condições de crescimento para a melhor produção desta toxina devem ser estudados mais aprofundadamente. Descobrimos que o caldo de infusão de cérebro e coração (BHIB) é o meio ideal para uma melhor produção de Act. Foi determinada a concentração óptima de diferentes suplementos (ferro, cálcio, magnésio e cloreto de sódio) para uma melhor produção de Act em BHIB. Por conseguinte, sugere-se a utilização de BHIB com os suplementos para uma melhor produção de Act. Estas condições poderiam ser utilizadas para a produção, purificação e caraterização imuno-biológica de Act.

O pilus é um dos factores patogénicos de *Aeromonas* spp. Foi a primeira vez que o detectámos em isolados positivos para o gene da toxina de *Aeromonas* spp. Mas devido a limitações de tempo e de instalações, não foi possível estudar as propriedades patogénicas destes pilus. Por conseguinte, é necessário prosseguir a investigação para purificar a proteína do pilus para preparar anticorpos anti-pilus e realizar experiências de inibição da adesão de *Aeromonas* spp. com pili em linhas celulares e tecido intestinal de diferentes animais de laboratório. Recomendam-se mais estudos para a caraterização do comportamento patogénico destes pili.

APÊNDICE

Tabela-1: Densidade de *Aeromonas* em amostras de lentilha d'água de áreas com e sem águas residuais.

	Não águas residuais				Águas residuais			
	B1	**B2**	**CP3**	**CP4**	**L6**	**L7**	**P8**	**P10**
agosto de 94	4.0x106	$2.0x10^7$	$1.9x10^7$	$4.6x10^7$	6.0x106	$1.0x10^6$	$2.8x10^8$	$4.0x10^6$
setembro de 94	4.0x108	$2.0x10^7$	$1.8x10^7$	$8.0x10^8$	$1.6x10^9$	$1.4x10^7$	$9.0x10^7$	$2.4x10^7$
outubro de 94	8.0x106	$1.8x10^7$	$4.0x10^5$	$4.0x10^5$	4.0x105	$1.4x10^5$	$4.0x10^6$	$4.0x10^4$
novembro de 94	4.6x107	$2.0x10^1$	$1.0x10^2$	$2.6x10^2$	6.0x105	$6.0x10^5$	$6.0x10^5$	$4.0x10^5$
Dez 94	4.0x105	$2.0x10^4$	$4.0x10^5$	$8.0x10^5$	1.4x106	$4.0x10^3$	$3.6x10^6$	$2.0x10^6$
janeiro de 95	$1.0x10^4$	$6.0x10^5$	$3.8x10^6$	$1.4x10^5$	1.8x105	$1.0x10^5$	$6.0x10^3$	$6.4x10^6$
Fev 95	$6.0x10^4$	$1.4x10^5$	$5.2x10^5$	$2.4x10^5$	1.8x105	$1.4x10^5$	$1.3x10^5$	$7.4x10^5$
março de 95	1.8x105	$2.6x10^5$	$1.4x10^6$	$1.1x10^6$	1.2x105	$3.8x10^5$	$2.0x10^5$	$7.0x10^6$
abril de 95	3.2x105	$2.4x10^5$	$2.4x10^4$	$4.0x10^4$	2.6x105	$1.4x10^5$	$1.2x10^6$	$1.0x10^6$
maio de 95	1.8x105	$4.0x10^4$	$1.6x10^5$	$8.0x10^4$	4.0x104	$4.0x10^4$	$4.0x10^5$	$4.0x10^5$
junho de 95	2.0x105	$6.0x10^4$	$8.0x10^4$	$1.8x10^5$	1.0x105	N/A	$4.0x10^4$	$2.0x10^4$
Jul 95	2.0x104	$2.0x10^4$	$6.0x10^4$	$4.0x10^4$	$2.0x10^4$	$4.0x10^4$	$4.0x10^4$	$2.0x10^4$

B1=Canteiro de lentilha-d'água 1L5= Esgoto bruto
B2=Canteiro de lentilha-d'água 2L6= Lagoa de estabilização 1
CP3=Piscina 1L7=Piscina de estabilização 2
CP4=Ponto de cultura de peixe 2P8=Ponto de cultura de peixe 2
P10 = Tanque de piscicultura 3

Tabela-2: Densidade de *Aeromonas* em amostras de água de zonas com e sem águas residuais.

	Não águas residuais				Águas residuais				
	B1	**B2**	**CP3**	**CP4**	**L5**	**L6**	**L7**	**P8**	**P10**
agosto de 94	2.0x101	4.1x10^{2}	7.0x10^{1}	8.0x102	3.0x103	1.4x10^{2}	2.5x10^{2}	3.0x10^{1}	4.4x10^{2}
Set.94	7.0x101	3.0x10^{1}	2.0x10^{1}	3.0x101	2.0x10^{3}	2.0x10^{1}	7.0x10^{1}	4.0x10^{1}	7.0x10^{1}
outubro de 94	5.0x101	5.0x10^{1}	4.0x10^{1}	4.0x101	2.0x10^{3}	2.0x10^{1}	5.0x10^{1}	3.0x10^{1}	2.0x10^{1}
novembro de 94	2.1x102	1.3x10^{2}	4.0x10^{1}	2.2x102	2.0x10^{3}	2.9x10^{2}	1.3x10^{2}	2.0x10^{1}	8.0x10^{1}
Dez 94	1.0x102	2.4x10^{2}	2.5x10^{2}	9.0x101	3.0x103	1.8x10^{2}	9.0x10^{1}	3.0x10^{1}	1.1x10^{2}
janeiro de 95	3.2x102	2.8x10^{2}	6.2x10^{2}	2.2x102	1.0x10^{3}	109x10 2	7.0x10^{1}	2.3x10^{2}	9.4x10^{2}
Fev 95	2.5x102	1.8x10^{2}	7.1x10^{2}	3.3x102	1.5x104	1.2x10^{2}	3.0x10^{1}	5.3x10^{2}	6.6x10^{2}
março de 95	1.8x102	9.0x10^{1}	3.0x10^{1}	8.0x101	4.0x10^{3}	6.0x10^{1}	3.7x10^{1}	1.2x10^{2}	4.1x10^{2}
abril de 95	1.2x102	1.2x10^{2}	1.0x10^{1}	1.3x102	6.0x10^{3}	3.0x10^{1}	5.0x10^{1}	3.0x10^{1}	1.8x10^{2}
maio de 95	1.7x102	2.1x10^{2}	6.8x10^{2}	2.0x102	8.0x10^{3}	9.0x10^{1}	7.0x10^{1}	1.1x10^{2}	2.2x10^{2}
junho de 95	3.0x101	9.0x10^{1}	7.0x10^{1}	7.0x101	2.0x10^{3}	1.0x10^{2}	7.0x10^{1}	1.2x10^{2}	1.3x10^{2}
Jul 95	1.7x102	1.0x10^{2}	2.4x10^{2}	1.3x102	5.0x10^{3}	1.6x10^{2}	7.0x10^{1}	7.0x10^{1}	1.1x10^{2}

B1 =Canteiro de lentilha-d'água 1L5=Esgoto bruto
B2 = Leito de crescimento de lentilha-d'água 2L6=Lagoa de estabilização 1
CP3 =Piscina 1L7=Piscina de estabilização 2
CP4 = tanque de piscicultura 2P8= tanque de piscicultura 2
P10 = Tanque de cultura de peixes 3

Tabela 3. Densidade de *Aeromonas* em brânquias de peixes de áreas com e sem águas residuais.

MESES	Não águas residuais		Águas residuais	
	CP3	**CP4**	**P8**	**P10**
Ago 94	4.0x108	4.0x108	1.2x107	$6.0x10^6$
setembro de 94	2.2x107	2.6x108	3.0x107	$8.0x10^6$
outubro de 94	1.0x105	6.0x105	6.0x105	$4.0x10^5$
novembro de 94	2.0x104	6.0x105	8.0x105	$8.0x10^5$
Dez 94	8.0x104	1.2x105	6.0x104	$4.0x10^4$
janeiro de 95	1.2x105	8.8x104	1.0x104	$4.0x10^4$
Fev 95	1.0x105	6.0x104	3.4x105	$1.8x10^5$
Ma 95	2.0x103	1.4x105	2.0x104	$3.8x10^5$
abril de 95	6.0x104	6.0x104	8.0x104	$8.0x10^5$
maio de 95	4.0x104	8.0x104	8.0x104	$6.0x10^5$
junho de 95	6.0x103	2.6x104	1.6x104	$1.2x10^4$
Jul 95	4.0x103	1.4x104	1.4x104	$4.0x10^3$

CP3 = Tanque de piscicultura 1
CP4 = Tanque de piscicultura 2
P8 = Tanque de piscicultura 2
P10 = Tanque de piscicultura 3

Tabela 4. Densidade de *Aeromonas* no conteúdo intestinal de peixes de áreas com e sem águas residuais

Meses	Não águas residuais		Águas residuais	
	CP3	CP4	P8	P10
agosto de 94	2.8x1010	2.2x108	1.1x108	$6.0x10^{8}$
setembro de 94	$1.2x10^{10}$	1.8x109	1.8x109	$2.2x10^{9}$
outubro de 94	1.0x106	6.0x107	6.0x106	$4.0x10^{6}$
novembro de 94	4.4x106	5.4x106	6.0x105	$6.0x10^{5}$
Dez 94	3.6x106	1.8x106	3.2x106	$7.4x10^{6}$
janeiro de 95	1.7x107	6.6x106	1.7x107	$1.5x10^{7}$
Fev 95	3.1x107	8.0x106	6.4x106	$3.0x10^{7}$
março de 95	2.1x107	3.0x107	5.4x107	$2.8x10^{7}$
abril de 95	8.0x107	4.4x107	1.2x105	$7.6x10^{7}$
maio de 95	8.0x106	1.1x107	1.8x107	$4.6x10^{7}$
junho de 95	2.0x107	6.0x106	1.0x107	$1.0x10^{7}$
Jul 95	1.2x106	1.2x107	2.0x106	$6.0x10^{6}$

CP3 = Tanque de piscicultura 1
CP4 = Tanque de piscicultura 2
P8 = Tanque de piscicultura 2
P10 = Tanque de piscicultura 3

Tabela-5. pH de diferentes locais de amostragem da zona de águas residuais

Meses	Localizações				
	L5	**L6**	**L7**	**P8**	**P10**
agosto de 94	6.99	7.25	7.56	7.53	8.61
setembro de 94	7.10	7.40	7.80	7.80	8.80
outubro de 94	7.50	7.50	7.70	8.00	8.20
novembro de 94	7.40	7.50	6.60	7.20	7.50
Dez 94	7.10	7.30	7.70	7.00	8.60
janeiro de 95	7.50	7.80	8.30	7.50	8.40
Fev 95	7.30	7.70	8.00	7.30	8.70
março de 95	7.80	7.30	7.60	7.10	8.00
abril de 95	7.40	7.20	7.40	7.10	7.60
maio de 95	8.25	7.35	7.40	7.80	7.63
junho de 95	7.40	7.40	8.30	8.30	8.00
julho de 95	7.50	7.00	7.90	7.50	7.60

L5 = Esgoto bruto
L6 = Lagoa de estabilização 1
L7 = Lagoa de estabilização 2
P8 = Tanque de piscicultura 2
P10 = Tanque de piscicultura 3

Tabela-6. pH de diferentes locais de amostragem da zona sem águas residuais

Meses	Localizações			
	B1	B2	CP3	CP4
agosto de 94	6.92	7.00	8.30	7.96
setembro de 94	7.30	7.20	7.80	8.30
outubro de 94	7.40	7.30	8.20	7.80
novembro de 94	7.30	7.30	8.30	8.70
Dez 94	6.90	6.90	7.60	8.40
janeiro de 95	7.10	7.40	7.60	8.30
Fev 95	7.30	7.40	7.80	8.30
março de 95	6.80	6.80	8.10	7.60
abril de 95	7.00	7.00	7.80	8.20
maio de 95	7.18	7.20	7.60	7.50
junho de 95	7.00	7.20	7.80	7.70
Jul 95	6.70	7.00	7.30	7.40

B1 = Leito de cultivo de lentilha-d'água 1
B2 = Leito de cultivo de lentilha-d'água 2
CP3 = Tanque de piscicultura 1
CP4 = Tanque de piscicultura 2

Tabela 7. Temperatura (0° C) de diferentes locais de amostragem da zona de águas residuais

Meses	L5	L6	L7	P8	P10
Ago 94	33.00	33.00	34.00	34.00	34.00
setembro de 94	32.00	33.00	34.00	35.00	35.00
outubro de 94	32.00	32.00	34.00	34.00	34.00
novembro de 94	34.00	30.00	32.00	32.00	34.00
Dez 94	26.00	22.00	25.00	26.00	27.00
janeiro de 95	21.00	15.00	19.00	20.00	21.00
Fev 95	21.00	18.00	21.00	22.00	22.00
março de 95	26.00	26.00	26.00	27.00	27.00
abril .95	31.00	28.00	30.00	32.00	34.00
maio de 95	31.00	30.00	31.00	32.00	32.50
junho de 95	30.00	32.00	32.00	32.00	32.00
Jul 95	30.00	30.00	30.00	30.00	31.00

L5= Águas residuais brutas não tratadas
L6= Lagoa de tratamento de águas residuais com base em DW 1
L7= Lagoa de tratamento de águas residuais com base em DW 2
P8= Tanque de piscicultura 2
P10= Tanque de cultura de peixes 3

Tabela 8. Temperatura (0° C) de diferentes locais de amostragem da zona sem águas residuais

Meses	Localizações			
	B1	**B2**	**CP3**	**CP4**
agosto de 94	33.00	34.00	34.00	34.00
setembro de 94	32.00	32.00	34.00	35.00
outubro de 94	31.00	31.00	35.00	34.00
novembro de 94	29.00	29.00	32.00	32.00
Dez 94	23.00	25.00	25.00	26.00
janeiro de 95	19.50	19.50	20.00	20.00
Fev 95	18.00	18.00	20.00	21.00
março de 95	23.0	23.00	25.00	25.00
abril de 95	27.00	27.00	30.00	31.00
maio de 95	30.00	29.00	31.00	31.50
junho de 95	30.00	30.00	32.00	33.00
Jul 95	28.00	28.00	30.00	30.00

B1 = Leito de cultivo de lentilha-d'água 1
B2 = Leito de cultivo de lentilha-d'água 2
CP3 = Tanque de piscicultura 1
CP4 = Tanque de piscicultura 2

Tabela-9. Condutividade (mS/m*) de diferentes locais de amostragem da zona de águas residuais

Meses	L5	L6	L7	P8	P10
agosto de 94	100.00	49.00	41.00	41.00	36.00
setembro de 94	104.00	57.00	42.00	34.00	41.00
outubro de 94	93.00	55.00	47.00	38.00	43.00
novembro de 94	92.00	55.00	46.00	43.00	45.00
Dez 94	105.00	60.00	53.00	33.00	44.00
janeiro de 95	98.00	65.00	59.00	50.00	52.00
Fev 95	115.00	74.00	57.50	55.00	47.00
março de 95	105.00	59.00	59.00	51.00	49.05
abril de 95	112.00	56.00	58.00	50.00	56.00
maio de 95	56.00	50.00	43.00	44.00	48.00
junho de 95	72.00	49.00	45.00	45.00	40.00
Jul 95	59.00	35.00	31.00	34.50	32.00

mS/m*= milisiemens/metro
L5= Esgoto bruto
L6= Lagoa de estabilização 1
L7= Lagoa de estabilização 2
P8= Tanque de piscicultura 2
P10= Tanque de cultura de peixes 3

Tabela 10. Condutividade (mS/m*) de diferentes locais de amostragem da zona sem águas residuais

Meses	Localizações			
	B1	B2	CP3	CP4
Ago.94	42.0	44.00	44.00	46.00
Set.94	40.0	44.00	47.00	45.00
Out. 94	46.0	45.00	49.00	49.00
Nov.94	45.50	49.00	46.00	45.00
Dez.94	44.00	47.00	50.00	50.00
Jan.95	49.00	52.00	47.00	50.00
Fev.95	47.50	49.00	54.00	54.50
Mar.95	49.50	49.50	49.00	49.00
abril de 95	46.00	46.00	44.00	46.50
maio de 95	40.00	40.00	43.9 0	43.00
Junho95	52.00	46.00	40.50	41.00
julho de 95	26.00	22.00	36.00	32.00

mS/m*= milisiemens/metro
B1 = Leito de cultivo de lentilha-d'água 1
B2 = Leito de cultivo de lentilha-d'água 2
CP3 = Tanque de piscicultura 1
CP4 = Tanque de piscicultura 2

Tabela-11. Potencial patogénico dos isolados de *Aeromonas* spp. positivos à sonda de *ato*.

N.º de registo.	Ensaio em ratinhos sugadores com filtrado de cultura		Ensaio em células Vero com filtrado de cultura		Ensaio de hemolisina (aeróbio)	Hemolys em ensaio (frasco de vela)	Ensaio CAMP hemoly sin	Ensaio da ansaio ileal de coelho
	Sem aquecimento	Aquecido a 56 Cº	Sem aquecimento	Aquecido a 56 Cº				
25	-	-	+	-	-	-	+	-
26	+	-	+	-	a		+	+
33	+	-	+	-	a	a	+	+
38	-	-	-	-	a	a	-	-
43	+	-	+	-	a	a	-	-
S48	+	-	+	-	a	a	-	-
51	-	-	+	-	-	-	+	nd
52	+	-	+		a	a	+	
55	-	-	+	-	a	nd	+	nd
58	-	-	+	-	a	nd	-	nd
64	-	-	+	-	a	nd	+	nd
71	+	-	+	-	ß	ß	-	-
75	-	-	+	-	a	a	-	-
77	+	-	+	-	a	a	-	-
79a	+	-	+	-	a	a	-	-
85	-	-	+	-	ß	ß	-	-
91	-	-	+	-	a	a	+	
93	-	-	-	-	ß	ß	+	+
97	-	-	+	-	ß	a	+	
107	-	-	+	-	ß	ß	+	
137	+	-	+	-	ß	ß	-	-

139	+	-	+	-	ß	ß	-	-
155	-	-	+	-	ß	a	-	-
156	nd	nd	+	nd	a	nd	-	nd
164	nd	nd	nd	nd	a	nd	-	nd
165	-	-	-	-	ß	a	+	H
167	-	-	+	-	nd	nd	-	-
173	-	-	-	-	a	a	-	-
175	-	-	-	-	a	a	+	H
176	-	-	+	-	ß	ß	+	H
177	-	-	+	-	ß	ß	-	-
187	-	-	-	-	ß	a	-	-

Tabela 12. Potencial patogénico dos isolados de *Aeromonas* spp. negativos para sonda de *ato*.

Estirpe n.	**Suckling ensaio em ratinhos**	**Célula Vero ensaio**	**Hemolisina ensaio (aeróbico)**	**CAMP ensaio de hemolisina**
17	-	+	a	+
18	-	+	a	-
22	-	+	a	+
30	-	+	-	-
31	-	+	ß	+
44	-	+	ß	-
50	-	+	-	-
59	-	+	a	+
66	+	+	a	-
71a	-	+	a	-
72	+	+	-	-

74	-	-	-	-
76	-	+	-	-
77	-	+	A	-
79	-	+	B	-
80	-	+	B	+
83	-	+	a	-
94	-	+	a	-
99	-	+	a	+
104	-	+	a	-
108	-	+	a	-
111	-	-	-	-
113	-	-	-	-
119	-	+	-	-
124	-	+	-	+
126	-	+	a	-
128	-	+	a	-
129	-	+	a	-
131	-	nd	a	-
137	-	+	a	+
139	-	+	a	nd

nd=não efectuado

REFERÊNCIAS

Adams D, Atkinson HM, Woods WH. Esquema de tipagem de *Aeromonas hydrophila* baseado em padrões de aglutinação com eritrócitos e células de levedura. J Clin Microbiol. 1983; **17:** 422427.

Agger WA, McCormick JD, Gurwith MJ. Clinical and microbiological features of *Aeromonas hydrophilaassociated* diarrhea. J Clin Microbiol. 1985; **21:** 909-913.

Agulla A, Garcia A, Alvare MD. Conjuntivite causada por *Aeromonas hydrophila.* Enferm Infecc Microbiol Clin. 1997; **151:** 44-45.

Alavandi SV, Ananthan S. Production of siderophores and effect of iron restriction on the protein profiles of *Aeromonas* species isolated from water and patients suffering from acute diarrhoeal disease. Indian J Med Res. 2000; **111**: 162-167.

Albert MJ, Anseruzzaman M, Shimada T, Rahman A, Bhuyan NA, Nahar S, Qadri F, Islam MS. Caracterização de estirpes de *Aeromonas trota* que reagem de forma cruzada com *Vibrio cholerae* O139 Bengal. J Clin Microbiol. 1995; **33:** 3119-3123.

Ali A, Carnahan AM, Altwegg M, Luthy-Hottenstein J, Joseph SW. *Aeromonas bestiarum* sp., novo. (anteriormente genospecies DNA group 2 *A. hydrophila*), uma nova espécie isolada de fontes não-humanas. Med Microbiol Lett. 1996; **5:** 156-165.

Allan BJ, Stevenson RMW. Extracellular virulence factors of *Aeromonas hydrophila* in fish isolates (Factores de virulência extracelulares de *Aeromonas hydrophila* em isolados de peixes). Can J Microbiol. 1981; **27:** 1114-1122.

Altwegg M, SteigerwaltAG, Altwegg-Bissig R, Luthy-Hottenstein J, Brenner DJ. Identificação bioquímica de genoespécies *de Aeromonas* isoladas de seres humanos. J. Clin Microbiol. 1990; **28:** 258-269.

Altwegg M, Reeves MW, Altwegg-Bissig R, Brenner DJ. Multilocus enzyme analysis of the genus *Aeromonas* and its use for species identification. Zentralbl Bakteriol. 1991; **275:** 28-45.

Ames GFL. Sistema de transporte periplasmático bacteriano: estrutura, mecanismo e avaliação. Ann Rev Biochem. 1986; **55:** 397-425.

Annapurna E, Sanyal SC. Enterotoxicidade de *Aeromons hydrophila.* J Med Microbiol. 1977; **10:** 317-323.

Araujo RM, Arribas RM, Pares R. Distribuição de espécies de *Aeromonas* em águas com diferentes níveis de poluição. J Appl Bacteriol. 1991; **71:** 182-186.

Asao T, Kinoshita Y, Kozaki S, Uemura T, Sakaguchi G. Purificação e algumas propriedades da hemolisina de *Aeromonas hydrophila.* Infect Immun. 1984; **46:** 122-127.

Ascencio F, Aleljung P, Olusanya O, Wadsrtom T. Ligação do colagénio tipo I e IV e da fibronectina a espécies de *Aeromonas* isoladas de várias infecções. Int J Med Microbiol. 1990; **273:** 186-194.

Ascencio F, Ljungh A, Wadstrom T. Estudo comparativo da ligação de proteínas da matriz extracelular a *Aeromonas hydrophila* isolada de peixes doentes e de infeção humana. Microbios. 1991; **65:** 135-146.

Ascencio F, Ljungh A, Wadstrom T. Characterization of lactoferrin binding by *Aeromonas hydrophila.* Appl Environ Microbiol. 1992; **58:** 42-47.

Ashdown LR, Koehler JM. The spectrum of *Aeromonas-associated* diarrhea in tropical Queensland, Australia. Southeast Asian J Trop Med Public Health. 1993; **24:** 347-353.

Atkinson HM, Trust TJ. Propriedades de hemaglutinação e capacidade de aderência de *Aeromonas hydrophila.* Infect Immun. 1980; **27:** 938-946.

Aziz KMS, Rahim Z, Faruque ASG, Huq S, Eusof A. *Aeromonas hydrophila*: O seu isolamento de uma doença diarreica aguda na zona rural do Bangladesh. Bangladesh Med Res Council Bull. 1986; **12:** 49-59.

Baman SI. *Aeromonas hydrophila* como agente etiológico em gastroenterite grave: relato de um caso. Am J Med Technol. 1980; **46:** 179-180.

Barghouthi S, Young R, Olson MOJ, Arcenaux JEL, Clem LW, Byers RB. Amnobactin, a novel tryptophane or phenylalanin-contains phenolate siderophore in *Aeromonas hydrophila.* J Bacteriol. 1989; **171:** 1811-1816.

Barnett TC, Kirov SM, Strom MS, Sanderson K. *Aeromonas* spp. possuem pelo menos duas famílias distintas de pilus do tipo IV. Microb Pathog.1997; **23:** 241-247.

Barnett TC, Kirov SM. O grupo de genes do pilus de *Aeromonas* tipo IV (Tap) é amplamente conservado nas espécies de *Aeromonas.* Microb Pathog.1999; **26:** 77-84.

Bartkova G, Ciznar I. Padrão de aderência de estirpes de *Aeromonas hydrophila* não-piladas a culturas de tecidos. Microbios.1994; **77:** 47-55.

Bern C, Marties J, de Zoysal I, Glass RI. The magnitude of global problem of diarrhoeal disease: a ten year update. Boletim do Órgão Mundial de Saúde. 1992; **70:** 705-714.

Bhat P, Shanthakumari S, Rajan D. A caraterização e o significado de *Plesiomonas shigelloides* e *Aeromonas hydrophila* isoladas de uma epidemia de diarreia. Indian J Med Res. 1974; **62:** 1052-1060.

Black RE. Epidemiology of travellers' diarrhoea and relative importance of various pathogens. Rev Infect

Dis. 1990; **12:** 573-577.
Bogdanovic R, Cobeljic M, Markovic M, Nikolic V, Ognjanovic M, Sarjanovic L, Makic D. Síndrome hemolítico-uraémico associado a enterocolite por *Aeromonas hydrophila*. Pediatr Nephrol. 1991; **5:** 293-295.
Boulanger Y, Lallier L, Cousineau G. Isolamento de uma *Aeromonas* enterotoxigénica de peixe. Can J Microbiol. 1977; **238:** 1161-1164.
Boussaid A, Baleux B, Hassani L, Lesne J. Espécies de *Aeromonas* em lagoas de estabilização na região árida de Marraquexe, Marrocos, e relação com a poluição fecal e factores climáticos. Microbiol Ecol. 1991; **21:**11-20.
Breed RS, Murray EGD, Smith NR. (eds.) Bergey's Manual of Determinative Bacteriology. 7ª edição. Baltimore; Williams and Wilkins. 1957.
Brown RL, Sanderson K, Kirov SM. Plasmids and *Aeromonas* virulence (Plasmídeos e virulência *de Aeromonas*). FEMS Immunol Med Microbiol. 1997; 7: 217-213.
Buchanan RE, Gibbons NE (eds.). Bergey's Manual of Determinative Bacteriology (Manual de Bacteriologia Determinativa de Bergey). 8ª edição. Baltimore; Williams and Wilkins. 1974.
Buckley JT, Halasa LN, Lund KD, McIntyre SM. Purificação e algumas propriedades da toxina hemolítica aerolisina. Can J Biochem. 1981; **59:** 430-435.
Burke V, Gracey M, Robinson J, Peak D, Beaman J, Bundell C. A microbiologia da gastroenterite infantil: *Aeromonas* species and other infective agents. J Infect Disease. 1983; **148:** 68-74.
Burke V, Robinson J, Gracey M, Peterson D, Meyer N, Partridge K. Isolamento de *Aeromonas hydrophila* de um abastecimento de água metropolitano: correlação sazonal com isolados clínicos. Appl Environ Microbiol. 1984a; **48:** 361-366.
Burke V, Robinson J, Gracey M, Peterson D, Meyer N, Haley V. Isolamento de *Aeromonas* spp. de uma fonte de água doméstica não clorada. Appl Environ Microbiol. 1984b; **48:** 367-370.
Burke V, Cooper M, Robinson J, Gracey M, Lesmana M, Echeverria P, Janda MJ. Hemagglutination patterns of *Aeromonas* spp. in relation to biotype and source (Padrões de hemaglutinação de *Aeromonas* spp. em relação ao biótipo e à fonte). J Clin Microbiol. 1984c; **19:** 39-43.
Campbell JD, Houston CW. Effect of cultural conditions on the presence of a cholera-toxin cross-reactive fator in culture filtrates of *Aeromonas hydrophila*. Curr Microbiol. 1985; **12:** 101-106.
Carnahan A, Hammontree L, Bourgeois L, Joseph SW. Pyrazinamidase activity as a phenotypic marker for several *Aeromonas* spp. isolated from clinical specimens. J Clin Microbiol. 1990; **28:** 391-392.
Carnahan AM, Fnning GR, Joseph SW. *Aeromonas jandaei* (anteriormente genospecies DNA group 9 *A. sobria*) uma nova espécie negativa à sacarose isolada de espécimes clínicos. J Clin Microbiol. 1991a; **29:** 560- 564.
Carnahan AM, Behram S, Joseph SW. Aerokey II: Uma chave flexível para a identificação de espécies clínicas *de Aeromonas*. J Clin Microbiol. 1991b; **29:** 2843- 2849.
Carnahan AM, Chakraborty T, Fanning GR. *Aeromonas trotasp* novo, uma espécie suscetível à ampicilina isolada de amostras clínicas. J Clin Microbiol. 1991c; **29:** 12061210.
Carrello A, Katherine A, Silburn A, Budden JR, Chang BJ. Adhesion of clinical and environmental *Aeromonas* isolates to HEp-2 cells. J Med Microbiol. 1988; **26:** 19-27.
Carta F, Pinna A, Zanetti S, Carta A, Sotgiu M, Fadda G. Úlcera da córnea causada por espécies de *Aeromonas*. Am J Ophthalmol. 1994; **118:** 530-531.
Cascon A, Yugueros J, Temprano A, Sanchez M, Hernanz C, Luengo JM, Naharro G. Uma importante elastase segregada é essencial para a patogenicidade de *Aeromonas hydrophila*. Infect Immun. 2000; **68:** 3233-3241.
Caselitz FH. *Pseudomonas-Aeromonas* und ihre humanmedizinische bedeutung. Veb Gustav Fischer Verlag , Gena 1966.
Caselitz F-H. Como começou a história das *Aeromonas* na Microbiologia Médica. Med Microbiol Lett. 1996; **5:** 46-
Catsaras M, Buttiaux R. Les *Aeromonas* dauses matieres fecales humanies. Ann Inst Pasteur Lille. 1965; **16:** 85-88.
Cavari BZ, Allen DA, Colwell RR. Effect of temperature on growth and activity of *Aeromonas* spp. and mixed bacterial populations in the Anacostia river. Appl Environ Microbiol. 1981; **41:** 1052-1054.
Chakraborty T, Huhle B, Bergbauer H, Goebel W. Clonagem, expressão e mapeamento do gene determinante *da* aerolisina de *Aeromonas hydrophila* em *Escherichia coli* k12. J bacterial. 1984; **167:** 368-376.
Champsaur H, Andremont A, Matthieu D, Rottman E, Auzepy P. Cholera-like illness due to *Aeromonas sobria*. J Infect Dis. 1982; **145:** 248-254.
Chang TM, Liu CC, Chang MC. Clonagem e análise da sequência do gene (eprA1) que codifica uma protease extracelular de *Aeromonas hydrophila*. Gene. 1997; **199:** 225-229.
Chang YC, Thompson H, Rodman N, Bylander J, Thomas J. Análise patogénica da septicemia por *Aeromonas hydrophila*. Ann Clin Lab Sci.1997; **27:** 254-259.

Chatterjee BD, Neogy KN. Estudos sobre espécies de *Aerononas* e *Plesiomonas* isoladas de casos de diarreia por cólera. Indian J Med Res. 1972; **60:** 520-524.
Chattopadhyay UK, Pal D, Das MS, Pal RN. Microbiological investigation into ulcerative disease syndrome (UDS) in fish in West Bengal. Indian J Public Health. 1991; **35:** 90-92.
Cheasty T, Gross RJ, Thomas LV, Rowe B. Serogrupagem dos grupos de *Aeromonas hydrophila.* J Diarrhoeal Dis Res. 1988; **6:** 95-98.
Christie R, Atkins NE, Munch-Petersen E. Uma nota sobre um fenómeno lítico demonstrado pelos estreptococos do grupo B. Aust J Exp Biol Med Sci. 1944; 22: 197-200.
Chung JG. Purificação e caraterização de uma arilamina N-acetiltransferase da bactéria Aeromonas hydrophilia. Curr Microbiol. 1998; **37:** 70-73.
Chuang YC, Chiou SF, Su JH, Wu ML, Chang MC. Análise molecular e expressão da lipase extracelular de *Aeromonas hydrophila* MCC-2. Microbiology. 1997; **143:** 803-812.
Cleary TG, Mathewson JJ, Faris E, Pickering LK. Produção de citotoxinas do tipo Shiga por serogrupos de *Escherichia coli* enteropatogénicos. Infect Immun.1985; **47:** 335-337.
Colwell RR, MacDonell MT, Ley JD. Proposta de reconhecimento da família *Aeromonadaceae* fam. nov. Int. J Syst Bacteriol. 1986; **36:** 473-477.
Crosa JH. Biologia genética e molecular do transporte de ferro mediado por sideróforos em bactérias. Microbiol. R 1989; **53:** 517-530.
Crichton PB, Walker JW. Métodos para a deteção de hemaglutininas em *Aeromonas.* J Med Microbiol. 1985; **19:** 273-277.
Cumberbatch N, Gurwith MJ, Langston C, Sack RB, Brunton JL. Cytotoxic enterotoxin produced by *Aeromonas hydrophila*: relationship of toxigenic isolates to diarrhoeal diseases. Infect Immun. 1979; **23:** 829-837.
Davis PJ, Stirling AJ. Infeção de ferida por *Aeromonas hydrophila* associada a imersão em água: uma lesão invulgar no futebol. Injury. 1993; **24:** 633-634.
Deodhar LP, Saraswathi K, Varudkar A. *Aeromonas* spp. e a sua associação com a doença diarreica humana. J Clin Microbiol. 1991; 29: 853-856.
Dobrescu L. *Aeromonas hydrophila* enterotoxigénica de um caso de diarreia em leitões. Zentbl Vet Med. 1978; **25:** 713-718.
Duby RS, Sanyal SC. Enterotixicidade de *Aeromonas hydrophila*: respostas cutâneas e neutralização in vitro. Zentbl Bakt. Hyg I Abt orig A. 1978; **242:** 487-499.
Duby RS, Sanyal SC, Malhotra OP. Purificação da enterotoxina de *Aeromonas hydrophila* e seu modo de ação em modelo experimental. In: Eaker D, Wadstrom T (eds). Animal, Plant and Microbial Toxins.1980; Oxford: Pergamon, p. 259-268.
DuPont HL, Ericsson CD, Johnson PC. Prevenção da diarreia dos viajantes através da formação de comprimidos de subsalicilato de bismuto. J Am Med Assoc. 1987; **257:** 1347-1350.
Echeverria P, Blacklow NR, Stanford LB, Cukor GG. Travellers' diarrhoea among american peace corp volunteers in rural Thailand. J Infect Dis. 1981; **143:** 767-771.
Elcuaz R, del Pino J, Fernandez A, Bordes A, Lafarga B. Peritonotis causada por *Aeromonas caviae* num doente submetido a diálise peritoneal. Clin Microbiol Newslett. 1995; **17:** 5-6.
Esteve C, Gutierrez MC, Ventosa A. *Aeromonas encheleia* sp. novo, isolada de enguias europeias. Int J Syst Bacteriol. 1995; **45:** 462-466.
Ewing WH, Hugh R, Johnson G. Studies on *Aeromonas* group. Monografia do CDC, USDHEW, Centro de Doenças Transmissíveis, Atlanta. 1961; p.1-28.
Fang JS, Chen JB, Chen WJ, Hsu KT. Síndrome hemolítico-urémico num homem adulto com enterocolite *por Aeromonas hydrophila.* Nephrol Dial Transplant. 1999; **14:** 439-440.
Figura N, Guglielmetti P. Differentiation of motile and mesophilic *Aeromonas* strains into species by testing for a CAMP-like fator. J Clin Microbiol. 1989; **25:** 1341-1342.
Finkelstein RA, Boesman-Finkelstein M, Holt P. *Vibrio cholerae* haemagglutinin/ lectin/protease hydrolyses fibronectin and ovamucin: FM Burnet revisitado. Proc Nat Acad Sci. 1983; **80:** 1092-1095.
Fitzgerald TJ, Repesh L, Blanco DR, Miller JN. Fixação do *Treponema pellidum* à fibronectina, laminina, colagénio LV e colagénio L e bloqueio da fixação por coelho imune IgG. Br. J. Ven. Dis. 1984; **60:** 357-363.
Fliermans CB, Gorden RW, Hazen TC, Esch GW. Distribuição e sobrevivência de *Aeromonas* num lago termicamente alterado. Appl Environ Microbiol. 1977; **33:** 114-122.
Gelbert SM, Prabhudesai M, Magee SM. Relato de um caso: Gastroenterite por *Aeromonas sobria* num adulto num adulto. Am J Clin Pathol. 1985; **83:** 389-391.
Gibotti A, Saridakis HO, Pelayo JS, Tagliari KC, Falcão DP. Prevalência e propriedades de virulência de *Vibrio cholerae* não-O1, *Aeromonas* spp. e *Plesiomonas shigelloides* isolados do Córrego Cambe. J Appl Microbiol. 2000; **89:** 70-75.
Gluskin I, Batash D, Shoseyov D, Mor A, Kazak R, Azizi E, Boldur I. Um estudo de 15 anos sobre o papel das *Aeromonas* spp. na gastroenterite em crianças hospitalizadas. J Med Microbiol. 1992; **37:** 315-318.

Gonzalez C, Gutierrez C, Grande T. Bacterial flora in bottled uncarbonated mineral drinking water. Can J Microbiol. 1987; **33:** 1120-1125.
Gracey M, Burke V, Robinson J. *Aeromonas* associated gastroenteriris. Lancet. 1982; **ii:** 1304-1306.
Gracey M, Burke V, Robinson J, Masters PL. Stewart J, Pearman J. *Aeromonas* spp. na diarreia dos viajantes. Br Med J. 1984; **289:**658.
Gracey M, Burke V. Characteristics of *Aeromonas* species and their association with human diarrhoeal disease. J Diarrhoeal Dis Res. 1986; **4:** 70-73.
Gubash SM. Avaliação do teste semelhante à hemólise sinérgica (CAMP) na identificação de espécies de *Aeromonas* móveis e mesófilas. Zbl Bakt. 1997; **286:** 41-45.
Guerrant RL, Moore RA, Kirschenfeld PM, Sande MA. Role of toxigenic and invasive bacteria in acute diarrhea of childhood. N Engl J Med. 1975; **139:** 567-573.
Gullberg D, Terracio L, Borg TK, Rubin K. Identification of integrin like matrix receptors with affinity for interstitial collagens. J Biol Chem.1989; **264:** 12686-12694.
Gupta P, Ramachandran VG, Seth A. Early onset of neonatal septicemia caused by *Aeromonas hydrophilia*. Indian Pediatr. 1996; **33:** 703-704.
Gurwith MJ, Williams TW. Gastroenterite em crianças: uma revisão de dois anos em Manitoba. 1. Etiologia. J Infect Dis. 1977; **136:** 239-247.
Haque QM, Sugiyama A, Iwade Y, Midorikawa Y, Yamauchi T. Os isolados diarreicos e ambientais de *Aeromonas* spp. produzem uma toxina semelhante à toxina 1 do tipo shigella. Curr Microbiol. 1996; **32:** 239-245.
Hanes DE, Chandler DK. The role of a 40-megadalton plasmid in the adherence and hemolytic properties of *Aeromonas hydrophila*. Microb Pathog. 1993; **15:** 313-317.
Hanninen ML. Investigações taxonómicas e epidemiológicas de Aeromonas sp. J Clin Pathol. 1995; **48:** 92.
Dificilmente KG. Colicinogenicidade e fenómenos relacionados. Bcteriol Rev. 1975; **39:** 464-515.
Hassani L, Imziln B, Boussaid A, Gauthier MJ. Incidência sazonal e resistência a antibióticos entre espécies de *Aeromonas* isoladas de águas residuais domésticas antes e depois do tratamento em lagoas de estabilização. Microb Ecol. 1992; **23:** 227-237.
Hazen TC, Fliermans CB, Hirsch RP, Esch GW. Prevalência e distribuição de *Aeromonas hydrophila* nos Estados Unidos. Appl Environ Microbiol. 1978; **36:** 731-738.
Hazen TC, Fliermans CB. Distribuição de *Aeromonas hydrophila* em efluentes térmicos naturais e artificiais. Appl Environ Microbiol. 1979; **38:** 166-168.
Hickman-Brenner FW, MacDonald KL, Steigerwalt AG, Fanning GR, Brenner DJ, Farmer JJ III. *Aeromonas veronii*. uma nova espécie ornitina descarboxilase-positiva que pode causar diarreia. J Clin Microbiol.1987; **25:** 900-906.
Hickman-Brenner FW, Fanning GR, Arduino MJ, Brenner DJ, Farmer JJ III. *Aeromonas schubertii,* uma nova espécie negativa para manitol encontrada numa amostra clínica humana. J Clin Microbiol.1988, **26:** 1561-1564.
Hill KR. Caselitz FH, Moody LM. Um caso de miosite aguda, metastática, causada por um novo organismo da família *Pseudomonadaceae*. West Ind Med J.1954; **3:** 9-11.
Ho AS, Mietzner TA, Smith AJ, Schoolnik GK. The pili of *Aeromonas hydrophila*: identification of an environmentally regulated "mini pilin". J Exp Med. 1990; **172:** 795-806.
Ho AS, Sohel I, Schoolnik GK. Clonagem e caraterização de *fxp,* a pilina flexível de *Aeromonas hydrophila*. Mol Microbiol. 1992; **6:** 2725-2732.
Hokama A, Honma Y, Nakasone N. Pili de uma estirpe de *Aeromonas hydrophila* como possível fator de colonização. Microbiol Immunol. 1990; **34:** 901-915.
Hokama A, Iwanaga M. Purificação e caraterização do pili de *Aeromonas sobria*, um possível fator de colonização. Infect Immun. 1991; **59:** 3478-83.
Hokama A, Iwanaga M. Purificação e caraterização de *Aeromonas sobria* Ae24 pili: um possível novo fator de colonização. Microb Pathog. 1992; **13:** 325-334.
Holder IA, Haidaris CG. Estudos experimentais sobre a patogénese de infecções causadas por *Pseudomonas aeruginosa*: protease extracelular e elastase como factores de virulência *in vitro*. Can J Microbiol.1979; **25:** 593-599.
Holmberg SD, Schell WL, Fanning GR. *Aeromons* intestinal infections in the United States. Ann Intern Med. 1986; **105:** 683-689.
Honda T, Sato M, Nishimura T, Higashitsumi M, Fukai K, Miwatani I. Demonstração do fator relacionado com a toxina da cólera em culturas de espécies de *Aeromonas* por ensaio de imunoabsorção enzimática. Infect Immun.1985; **50:** 322-323.
Honma Y, Nakasone N. Pili de *Aeromonas hydrophila*: purificação, caraterização e papel biológico. Microbiol Immunol.1990; **34:** 83-98.
Hoshina T, Kurita T, Kimura K, Nakatani N, Shindo H, Iwasaki K, Otsuka Y, Tateda K, Yamaguchi K. Caso de quisto hepático infecioso causado por *Aeromonas caviae*. Nippon Naika Gakkai Zasshi. 1999; 88: 2022-2024.

Hossain MA, Rahman KM, Asna SM, Rahim Z, Hussain T, Miah MR. Incidência de *Aeromonas* isoladas de crianças com diarreia e estudo de alguns factores de virulência nos isolados. Bangladesh Med Res Counc Bull. 1991; **18:** 61-67.
Howard SP, Buckley JT. Recetor de glicoproteína de membrana e propriedades de formação de buracos de uma toxina protéica citolítica. Biochem. 1882; **21:** 1662-1667.
Hsu TC, Waltman WD, Shotts EB. Correlação entre a atividade enzimática extracelular e as caraterísticas bioquímicas no que diz respeito à virulência de *Aeromonas hydrophila*. Dev Biol. Stand. 1981; **49:** 101-111.
Hur T, Cheng KC, Hsieh JM. Abcesso pulmonar *de Aeromonas hydrophila* num homem previamente saudável. Scand J Infect Dis. 1995; **27:** 295.
Husslein V, Huhle B, Jarchau T, Lurz R, Goebel W, Chakraborty T. Nucleotide sequence and transcriptional analysis of the aerCaer A region of *Aeromonas sobria* encoding aerolysin and its regulatory region. Mol Microbiol. 1988; **2:** 507-517.
Husslein V, Bergbauer H, Chakraborty T. Studies on aerolysin and a serine protease from *Aeromonas trota* sp. nov. Experientia. 1991 15; **47:** 420-421.
Islam MS, Alam MJ, Tzipori S. Abundância de *Aeromonas* spp. em vários componentes de ecossistemas de lagoas em Dhaka, Bangladesh. Int J Environ Stud. 1992; **39:** 297-304.
Itoh H, Kuwata G, Tateyama S, Yamashita K, Inoue T, Kataoka H, Ido A, Ogata K, Takasaki M, Inoue S, Tsubouchi H, Koono M. Infeção por *Aeromonas sobria* com lesões graves dos tecidos moles e gastroenterite necrosante segmentar num doente com cirrose hepática alcoólica. Pathol Int. 1999; **49:** 541-546.
Iwanaga M, Hokama A. Caracterização do pili TAP13 de *Aeromonas sobria*: um possível novo fator de colonização. J Gen Microbiol. 1992; **138:** 1913-1919.
James C, Dibley M, Burke V, Robinson J, Gracey M. Immunological cross reactivity of *Aeromonas hydrophila* and cholera toxin. Clin Exp Immunol. 1982; **47:** 34-42.
Janda JM, Bottone EJ. *Pseudomonas* enzyme prophiling: preditor de potencial invasividade e utilização como ferramenta epidemiológica. J Clin Micribiol. 1981; **14:** 55-60.
Janda JM. Recent advances in the study of the taxonomy, pathopgenicity and infectious syndrome associated with the genus *Aeromonas*. Clin Microbiol Rev. 1991; **4:** 397-410.
Janda JM, Abbott SL, Khashe S, Kellogg GH, Shimada T. Estudos adicionais sobre as caraterísticas bioquímicas e as propriedades serológicas do género *Aeromonas*. J Clin Microbiol.1996; **34:** 1930-1933.
Janda JM, Abbott SL. Evolução dos conceitos relativos ao género *Aeromonas*: Um panorama em expansão de espécies, apresentações de doenças e perguntas sem resposta. Clin Infect Dis. 1998. **27:** 332-344.
Johnson WM, Lior H. Citotoxicidade e reatividade de *Aeromons hydrophila* isolada de fontes humanas em ratinhos lactentes. Can J Microbiol.1981; **27:** 1019-1027.
Joseph SW, Daily OP, Hunt WS, Seidler RJ, Allen DA, Colwell RR. Infeção primária de ferida por *Aeromonas* de um mergulhador em águas poluídas. J Clin Microbiol. 1979; **10:** 46-49.
Kaper JB, Lockman H, Colwell RR, Joseph SW. *Aeromonas hydrophila*: ecologia e toxigenicidade de isolados de um estuário. J Appl Bacteriol. 1981; **50:** 359-377.
Kastrzynska M, Schalen C, Wadstrom T. Specific binding of collagen type IV to *Streptococcus pyogenes*. FEMS Microbiol Letts.1989; **59:** 229-234.
Kawakami K, Toma C, Honma Y. Clonagem, sequenciação e expressão do gene que codifica a metaloprotease extracelular de *Aeromonas caviae*. Microbiol Immunol. 2000; **44:** 341-347.
Merino S, Alvarez D, Hernandez-Alles S, Tomas JM. Efeito da temperatura de crescimento na morte mediada por complemento de *Aeromonas* spp. mesofílicas do serótipo O:34. FEMS Microbiol Lett. 1994; **118:** 163-166.
Merino S, Rubires X, Knochel S, Tomas JM. Agentes patogénicos emergentes: *Aeromonas* spp. Int J Food Microbiol 1995; **28:**157-168.
Merino S, Aguilar A, Nogueras MM, Regue M, Swift S, Tomas JM. Clonagem, equenciamento e papel na virulência de duas fosfolipases (A1 e C) de *Aeromonas* sp. serogrupo mesofílico O:34. Infect Immun.1999; **67:** 4008-4013.
Messner P, Sleytr UB. Camadas cristalinas da superfície celular bacteriana. Adv Mol Physiol. 1992; **33:** 213-275.
Miller EJ, Gay S. Collagen: Uma visão geral e actualizada. In: Structural and contractile proteins, part extracellular matrix, Oxford FL., Academic Press, 1987; p.3-41.
Millership SE, Curnow SW, Chattopadhyay B. Taxa de transporte fecal de *Aeromonas hydrophila.* J Clin Pathol.1983; **36:** 920-923.
Misra SK, Shimada T, Bhadra RK, Pal SC, Nair GB. Serogrupagem de espécies de *Aeromonas* de fontes clínicas e ambientais em Calcutá, Índia. J Diarrhoeal Dis Res. 1989; **7:** 812.
Monfort P, Baleux B. Dinâmica de *Aeromonas hydrophila*, *Aeromonas sobria* e *Aeromonas caviae* numa lagoa de tratamento de águas residuais. Appl Environ Microbiol. 1990; **56:** 19992006.
Munoz P, Farnendez-Baca V, Padaez T, sanchez R, Rodriguez-Creiexems M, Biuza E. *Aeromonas*

peritonitis. Clin Infect Dis. 1994; **18:** 32-37.

Naidu AJ, Yadav M. Influência do ferro, da temperatura de crescimento e dos plasmídeos na produção de sideróforos em *Aeromonas hydrophila.* J Med Microbiol. 1997; **46:** 833-838.

Nakasone N, Iwanaga M, Yamashiro T, Nakashima K, Albert MJ. As estirpes de *Aeromonas trota,* que aglutinam com o antissoro de *Vibrio cholerae* O139 Bengal, possuem um fator de colonização fimbrial serologicamente distinto. Microbiol. 1996; **142:** 309-313.

Neilands JB. Compostos microbianos de ferro. Ann Rev Biochem. 1981; **50:** 715-773.

Neves MS, Nunes MP, Milhomem AM. Espécies de *Aeromonas* apresentam aderência agregativa às células HEp-2. J Clin Microbiol. 1994a; **32:** 2631-2532.

Neves MS. Resposta do autor à carta, *"Aeromonas caviae* exhibits agregative adherence to HEp-2 cells". J Clin Microbiol. 1994b; **32:** 2631-2632.

Newton JA Jr., Kennedy CA. Infeção de feridas devido a *Aeromonas sobria.* Clin Infect Dis. 1993; **17:** 1082-1083.

O'Brian AD, Laveck GD, Thompson MR, Formal SB. Production of *Shigella dysenteriae1* (Shiga)-like cytotoxin. J Infect Dis. 1982; **146:** 763-769.

O'Brian AD, Chen ME, Holmes RK. Isolados ambientais e humanos de *Vibrio cholerae* e *Vibrio parahaemolyticus* produzem uma citotoxina semelhante à de *Shigella dysenteriae* 1 (shiga). Lancet. 1984; **i:** 77-78.

Oishi K, Yokoshima S, Tomiya TL, Aida K. Exohemaglutinina: Novos produtos de *Vibrio.* Appl Environ Microbiol. 1979; **38:** 169-172.

Ogunsanya TI, Rotimi VO, Adenuga A. A study of the aetiological agents of childhood diarrhoea in Lagos, Nigeria (Estudo dos agentes etiológicos da diarreia infantil em Lagos, Nigéria). J Med Microbiol. 1994; **40:**10-14.

Ortega C, Muzquiz JL, Fernandez A, Ruiz I, De Blas I, Simon MC, Alonso JL. Parâmetros de qualidade da água associados a incubadoras afectadas por *Aeromonas* spp. Vet Res. 1996; **27:** 553-560.

Palfreeman SJ, Waters LK, Norris M. *Aeronenas hydrophila* gastroenteritis. Aust NZ J Med. 1983: **13:** 524- 525.

Paula SJ, Duffy PS, Abbott SL, Kokka RP, Oshiro LS, Janda JM, Shimada T, Sakazaki R. Surface properties of autoagglutinating mesophilic *Aeromaons.* Infect Immun.1988; **56:** 2658-2665.

Pazzaglia G, Sack RB, Salazar F, Yi A, Chea E, Leon-Barua R, Guerrero CE, Palomino J. Elevada frequência de enteropatogénios co-infectantes na diarreia *associada a Aeromonas* em bebés peruanos hospitalizados. J Clin Microbiol. 1991; **29:** 1151-1156.

Parras F, Diaz MD, Reina J, Moreno S, Guerrero C, Bouza E. Meningite devida a espécies de *Aeromonas*: relato de caso e revisão. Clin Infect Dis. 1993; **17:** 1058-1060.

Parveen S, Islam MS, Huq A. Abundance of *Aeromonas* spp. in river and lake waters in and around Dhaka, Bangladesh. J Diarrhoeal Dis Res. 1995; **13:**183-186.

Pasetto Falcao D, Rogerio Lustri W, Maria Bauab T. Incidência de *Vibrio cholerae* não 01 e *Aeromonas* spp. em água doce em Araraquara, Brasil. Curr Microbiol. 1998 ; **37:** 28-31.

Pepe CM, Eklund MW, Strom MS. Clonagem de um grupo de genes da biogénese do pilus tipo IV de *Aeromonas hydropohila*: complementação da função de montagem do pilus e caraterização de uma peptidase/N-metiltranferase líder do tipo IV necessária para a secreção de proteínas extracelulares. Mol Microbiol. 1996; **194:** 857-869.

Pettibone GW. Dinâmica populacional de *Aeromonas* spp. numa bacia hidrográfica de um rio urbano. J Appl Microbiol. 1998; **85:** 723-730.

Pitaransi C, Echeverria P, Whitmire R, Tirapat C, Formal S, Dammin GJ, Tingtalapong M. Enteropatogenicidade de *Aeromonas hydrophila* e *Plesiomonas shigelloides*: prevalência entre indivíduos com e sem diarreia na Tailândia. Infect Immun. 1982; **35:** 666-673.

Polotsky YE, Dragunskaya EM, Samotrelsky AY, Vaasser NR, Efremoy VE. Snigirevskaya ES, Seliverstoval E. Interação de *Vibrio* cholerae El Tor e mucosa intestinal em experiência de ansa ileal de coelho ligada. Med Biol. 1977; **55:** 130-140.

Popoff M. Género II *Aeromonas.* Kluyver e Van, Kreig NR e Holt JG (eds). Bergey's Manual of Systematic Bacteriology, 1984; **vol.1**, Williams and Wilkins, Baltimore. p.545.

Puma JJ, Richmond LH, Stull TL. Hemocin, a bacteriocina produzida por *Haemophillus influenzae*: distribuição das espécies e papel na colonização. Infect Immun. 1990; **58:** 1600-1605.

Rahim Z, Sanyal SC, Aziz KMS, Huq I, Chowdhury AA. Isolamento de estirpes de *Aeromonas hydrophila* enterotoxigénicas, hemolíticas e resistentes a antibióticos de peixes infectados no Bangladesh. Appl Environ Microbiol. 1984; **48:** 865-867.

Rahim Z, Aziz KMS, Huq MI, Saeed H. Isolamento de *Aeromonas hydrophila* das feridas de cinco espécies de peixes de água salobra do Bangladesh. Bangladesh J Zool. 1985; **13:** 37-42.

Rahim Z, Yamaguchi K, Aziz KMS, Khan MR. Perfil enzimático de *Aeromonas hydrophila* enterotoxigénica determinado utilizando o sistema API zym. Bangladesh J Bot. 1991; **20:** 87-89.

Rahim Z, Aziz KMS. Enterotoxigenicidade, atividade hemolítica e resistência aos antibióticos de *Aeromonas* spp. isoladas de camarões de água doce comercializados em Dhaka, Bangladesh. Microbiol

Immunol. 1994; **30:** 773-778.
Rahman AFMS, Willoughby JMT. Síndrome do tipo disenteria associada a *Aeromonas hydrophila*. Br Med J. 1980; **281:** 976.
Ram S, Khurana S, Khurana SB, Sharma S, Vadehra DV. *Aeromonas-associated* diarrhoea in north India. J Diarrhoeal Dis Res. 1991; **9:** 23-28.
Riddle LM, Grahan TE, Amborski RL. Medium for the accumulation of extracellular hemolysin and protease by *Aeromonas hydrophila*. Infect Immun. 1981. **33:** 728-733.
Rippey SR, Cabelli VJ. Procedimento de filtro de membrana para enumeração de *Aeromonas hydrophila* em águas doces. Appl Environ Microbiol. 1979; **38:** 108-113.
Rivero O, Anguita J, Mateos D, Paniagua C, Naharro G. Clonagem e caraterização de um gene de uma serina protease extracelular lábil à temperatura de *Aeromonas hydrophila*. FEMS Microbiol Lett. 1991; **65:** 1-7.
Robson WL, Leung AK, Trevenen CL. Síndrome hemolítico-uraémico associado a enterocolite por *Aeromonas hydrophila*. Pediatr Nephrol. 1992; **6:** 221.
Rosner R. *Aeromonas hydrophila* como agente etiológico num caso de gastroenterite grave. Am J Clin Pathol. 1964; **42:** 402-404.
Rouf MA, Rigney MM. Caraterísticas de crescimento, temperatura e temperatura de *Aeromonas*. Appl Environ Microbiol. 1971; **22:** 503-506.
Ruiz de Gonzaler P, Escolano C, Rodriguez JC, Sillero C, Royo G. *Aeromonas sobria* spontaneous bacterial peritonitis and bacterremia. Am J Gastroenterol. 1994; **89:** 290-291.
Sacho H, Moore PJ, Hide GR. Infeção de feridas por *Aeromonas hydrophila* adquirida em meio aquático. Um relato de 3 casos. S Afr Med J. 1990; **78:** 339-40.
Sanarelli G. Uber einen mikroorganismus des wassers, welcher fur thiere mit veranderlicher und constanter temperatur pathogen ist. Zentralbl Bakteriol l orig.1891; **9:**193-199.
Santos JA, Gonzalez CJ, Otero A, Garcia-Lopez ML. Atividade hemolítica e produção de sideróforos em diferentes espécies de *Aeromonas* isoladas de peixes. Appl Environ Microbiol. 1999; **65:** 5612-5614.
Sanyal SC, Singh SJ, Sen BC. Enteropatogenicidade de *Aeromonas hydrophila* e *Plesiomonas shigelloides*. J Med Microbiol. 1975; **8:** 195-199.
Sakazaki S, Shimada T. O-Serogrouping scheme for mesophilic *Aeromonas* strains. Japan J Med Sci Biol. 1984; **37:** 247-255.
Sarasqueta R, Garcia-Irure JJ, Ortega M, Dorronsoro I. Meningite por *Aeromonas sobria* após traumatismo crânio-encefálico. Enferm Infecc Microbiol Clin. 1998; **16:** 491-492.
Sato M, Arita M, Honda T, Miwatani T. Characterization of a pili produced by *Aeromonas hydrophila*. FEMS Microbiology Lett. 1989; **59:** 325-330.
Satterwhite TK, Evans DG, Dupont HL, Evans DJ. Papel do antigénio do fator de colonização de *E. coli* na diarreia aguda. Lancet. 1978; **ii:** 181-184.
Schubert RHM. Aeromonads e o seu significado como potenciais agentes patogénicos na água. J Appl Bacteriol. 1991; **70:** 131S-135S.
Seidler RJ, Allen DA, Lockman H, Colwell RR. Joseph SW, Daily OP. Isolamento, enumeração e caraterização de *Aeromonas* de águas poluídas utilizadas para operações de mergulho. Appl Environ Microbiol. 1980; **39:** 1010-1018.
Shread P, Donovan TJ, Lee JV. A survey of the incidence of *Aeromonas* in human faeces. Soc Gen Microbiol. 1981; **8:** 184.
Shimada T, Kozaki Y. Comparação de dois sistemas de serogrupagem O para *Aeromonas* spp. mesofílicas J Clin Micrbiol. 1991, **29:** 197-199.
Shimada T, Sakazaki R, Horigome K, Uesake Y, Niwano K. Produção de uma enterotoxina semelhante à da cólera por *Aeromonas hydrophila*. Jpn J med Sci Biol. 1984; **37:** 141-144.
Singh DV, Sanyal SC. Produção de hemolisina e enterotoxina por estirpes de *Aeromonas jandaei* e *Aeromonas trota* após passagem por animais. J Diarrhoeal Dis Res. 1996; **14:** 274-279.
Sire JM, Ropert P, Donnio PY. Blefaroconjuntivite por *Aeromonas hydrophila*. Eur J Clin Microbiol Infect Dis. 1990; **9:** 904-905.
Skalka B, Smola J, Elischerova. Testes de rotina para a diferenciação *in vitro* de estirpes patogénicas e apatogénicas de *Listeria monocytogenes*. J Clin Microbiol. 1982; **15:** 503-508.
Slade PJ, Falah MA, Al-Ghady AM. Isolamento de *Aeromonas hydrophila* de águas engarrafadas e de abastecimento doméstico de água na Arábia Saudita. J Food Protect. 1986; **49:** 471-476.
Smyth CJ, Molby R, Wadstrom T. Fenómeno de hemólise quente-fria: lise induzida por quelante de eritrócitos tratados com esfingomielinase. Infect Immun. 1975; **5:** 1104-1111.
Snyder JD, Merson MH. The magnitude of global problem of acute diarrhoeal disease: a review of active surveillance data. Boletim do Órgão Mundial de Saúde. 1982; **60:** 605-613.
Speelman P, Strulens MJ, Sanyal SC, Glass RI. Deteção de *Campylobacter jejuni* e outros potenciais agentes patogénicos na diarreia dos viajantes. Scand J Gastoenterol. 1983; **84**: 19-23.
Spencker FB, Greiner C, Tischer W, Herrmann E, Handrick W. Abcesso hepático causado por *Aeromonas hydrophila*. Kinderarztl Prax. 1991; **59:** 123-125.

Speziale P, Raucci G, Visai L. Ligação do colagénio a *Staphylococcus aureus* Cowb1. J Bacteriol. 1986; **167:** 77-81.
Stecchinis ML, Domenis C. Incidência de espécies de *Aeromonas* em afluentes e efluentes de estações de tratamento de águas residuais urbanas. Lett Appl Microbiol. 1994; **19:** 237-239.
Streinberg SE, Banwell JM. Yardley JH, Keusch GT, Hendriz TR. Comparioson of secrertory and histological effects of *Shigella* and cholera enterotoxin in rabbit jejunum. Infect Immun. 1975; **68:** 309-317.
Steinfeld S, Rossi C, Bourgeois N, Mansoor I, Thys JP, Appelboom T. Artrite séptica devida a *Aeromonas veronii* biótipo sobria. Clin Infect Dis.1998; **27:** 402-403.
Stelma GN Jr., Johnson CH, Spaulding P. Evidence for the direct invlovement of P- hemolysin in *Aeromonas hydrophila* enterotoxigenicity. Curr Microbiol.1986; **14:** 71-77.
Stewart GA, Bundell CS, Burke V. Caracterização parcial de uma hemaglutinina solúvel de isolados diarreicos humanos de *Aeromonas.* J Med Microbiol. 1986; **21:** 319-324.
Sundraraj T, Mani S, Selvakumar N, Kubindran G, Pandia M. Bacteriocin typing of *Aeromonas* species. Biomedicine. 1994; **14:** 38-44.
Svenungsson B, Lagergren A, Ekwall E, Evengard B, Hedlund KO, Karnell A, Lofdahl S, Svensson L, Weintraub A. Enteropatógenos em pacientes adultos com diarréia e indivíduos saudáveis de controle: um estudo prospetivo de 1 ano em uma clínica sueca para doenças infecciosas. Clin Infect Dis. 2000; **30:** 770-778.
Tabata A, Hatayama M, Shimizu Y. Três casos de septicemia por *Aeromonas hydrophila* complicada com cirrose hepática. Nippon Shokakibyo Gakkai Zasshi. 1999; **96:** 11811185.
Tagg JR, Dajani AS, Wannamaker LW. Bacteriocina de bactérias Gram-positivas. Bacteriol Rev. 1976; **40:** 722-756.
Tavendale A, Velho DC. Hemaglutinatinina e adesão de *Escherichia coli* à interação de células HEp-2 de *Yersinia enterocolitica.* J Med Microbiol. 1985; **20:** 345-353.
Teka T, Faruque AS, Hossain MI, Fuchs GJ. *Aeromonas-associated* diarrhoea in Bangladeshi children: clinical and epidemiological characteristics (Diarreia *associada a Aeromonas* em crianças do Bangladesh: caraterísticas clínicas e epidemiológicas). Ann Trop Paediatr. 1999; **19:** 15-20.
Thelestam M, Ljungh A. Danos na membrana e efeitos citotóxicos dos fibroblastos humanos pelas duas hemolisinas de *Aeormonas hydrophila.* Infect Immun. 1981; **34:** 949-957.
Thomas LV, Gross RJ, Cheasty T, Rowe B. Esquema alargado de serogrupagem para espécies mesófilas móveis de *Aeromonas.* J Clin Microbiol. 1990; **28:** 980-984.
Thornley JP, Eley A, Shaw JG. *Aeromonas caviae* exibe uma aderência agregada às células HEp-2. J Clin Microbiol. 1994 ; **32:** 2631-2632.
Toma C, Ichinose Y, Iwanaga M. Purificação e caraterização de uma metaloprotease de *Aeromonas caviae* que está relacionada com a hemaglutinina/protease de Vibrio cholerae. FEMS Microbiol Lett. 1999; **170:** 237-242.
Van der Kooij D. Properties of Aeromonads and their occurrence and hygienic significance in drinking wa Zentralbl Bakteriol Micribiology Hyg. 1988; **187:** 1-17.
Visai L, Speciale P, Bozzini S. Binding of collagen to an entero-pathogenic strains of *Escherichia coli.* In Immun. 1990, **58:** 449-455.
Von Graevenitz A, Zinterhofer L. A deteção de *Aeromonas hydrophila* nas fezes espécimes. Health Lab Sci. 1970; **7:** 124-127.
Von graevinitz A. *Aeromoinas.* EH Lennett, A. Balow, WJ Hausler Jr., e HJ Shadomy (eds). Manual of Clinical Microbiology, 1985. 4th ed. Sociedade Americana de Microbiologia, Washington, DC.
Wadstrom T, Aust-Kettis A, Habte D. Holmgren J, Meeuwisse G, Mollby R, Soderlind O. Bactérias e parasitas produtores de enteroto nas fezes da Etiópia. Arch Dis Child. 1976a; **51:** 866-870.
Wadstrom T, Ljungh A, Wretlind B. Enterotoxina, hemolisina e proteína citotóxica em *Aeromonas hydrophila* de infeção humana. Ata Pathol Microbiol Scand [B]. 1976b; **84:** 112-114.
Wang Ap, Wada A, Yahiro K, Nomura T, Fujii Y, Okamoto K, Mizuta Y, Kohno S, Moss J, Hirayama T. Identificação e caraterização do recetor da glicoproteína hemolisina de *Aeromonas sobria* nas células 407 do intestino. Microb Pathog. 1999; **27:** 15-21.
Waltman II WD, Shotts EB, Hsu T-C. Caracterização enzimática do complexo *Aeromonas hydrophila* pelo sistema A zym. J Clin Microbiol. 1982; **16:** 692-696.
Warburton DW, Dodds KL, Burkr R, Johnson MA, Laffey PJ. A review of Microbiological quality bottles water sold in Canada between 1981 and 1989. Can J Microbiol. 1992; **38:** 13-19.
Westerlund B, Kuusela P, Risteli J. A adesina O75X de *Escherichia coli* uropatogénica é uma proteína de ligação ao colagénio do tipo LV. Mol Microbiol. 1989; **3:** 329-337.
Wilcox MH, Cook AM, Eley A, Spencer RC. *Aeromonas* spp como causa potencial de diarreia em crianças. J Clin Pathol. 1992; **45:** 959-963.
Organização Mundial de Saúde. Programa de Controlo das Doenças Diarreicas. Leitura sobre a diarreia: manual do aluno. 1990; p.2-5. Genebra, Suíça.
Yamada S, Matsushita S, Dejsirilert S, Kudoh Y. Incidência e sintomas clínicos de

Diarreia dos viajantes *associada a Aeromonas* em Tóquio. Epidemiol Infect. 1997; **119:** 121-126.
Zimmerman OER. Die Bakterien unsererer Trink- und nutzwasser, insbesondere des wassers des chemni wasserleitung. Ber Naturw Ges Chemnitz. 1890; **1:** 38-39.
Alavandi S, Ananthan S, Kang G. Prevalência, atividade secretora in vitro e citotoxicidade de espécies de *Aeromonas* associadas a gastroenterite infantil em Chennai (Madras), Índia. Jpn J Med Sci Biol. 1999; **51:** 1-12
APHA. Standard methods for the examination of water and wastewater, 18ª ed., A.E. Greenberg, L.S. Clesceri e A.D. Eaton (eds.). A.E. Greenberg, L.S. Clesceri e A.D. Eaton (eds.). Associação Americana de Saúde Pública (APHA). 1991; Washington, D.C.
Aziz KMS, Rahim Z, Faruque ASG, Huq S, Eusof A. *Aeromonas hydrophila*: O seu isolamento de uma doença diarreica aguda na zona rural do Bangladesh. Bangladesh Med Res Council Bull. 1986; **12:** 49-59.
Blaser MJ, Glass RI, Huq MI, Stoll B, Kibriya GM, Alim ARMA. Isolamento de *Campylobacter fetus* subsp. jejuni de crianças do Bangladesh. J Clin Microbiol. 1980; **12:** 744-747.
Boussaid A, Baleux B, Hassani L, Lesne J. Espécies de *Aeromonas* em lagoas de estabilização na região árida de Marraquexe, Marrocos, e relação com a poluição fecal e factores climáticos. Microbiol Ecol. 1991; **21:** 11-20.
Burke V, Robinson J, Gracey M, Peterson D, Meyer N, Partridge K. Isolamento de *Aeromonas hydrophila* de um abastecimento de água metropolitano: correlação sazonal com isolados clínicos. Appl Environ Microbiol. 1984a; **48:** 361-366.
Burke V, Robinson J, Gracey M, Peterson D, Meyer N, Haley V. Isolamento de *Aeromonas* spp. de uma fonte de água doméstica não clorada. Appl Environ Microbiol. 1984b; **48:** 367-370.
Carta F, Pinna A, Zanetti S, Carta A, Sotgiu M, Fadda G. Úlcera da córnea causada por espécies de *Aeromonas*. Am J Ophthalmol. 1994; **118:** 530-531.
Cavari BZ, Allen DA, Colwell RR. Effect of temperature on growth and activity of *Aeromonas* spp. and mixed bacterial populations in the Anacostia river. Appl Environ Microbiol. 1981; **41:** 1052-1054.
Chakraborty T, Montenegro MA, Sanyal SC, Helmuth R, Bulling E, Timis KN. A clonagem do gene da enterotoxina de *Aeromonas hydrophila* fornece provas conclusivas da produção de uma enterotoxina citotóxica. Infect Immun. 1984; **46:** 435-441.
Champsaure H, Andremont A, Mathiew D, Rottman E, Auzepy P. Doença tipo cólera devida a *Aeromonas sobria*. J Infect Dis.1982; **145:** 248-254.
Chopra AK, Houston CW. Enterotoxinas na gastroenterite *associada a Aeromonas*. Microbes Infect. 1999; **1:** 1129-1137.
Clark JA, Kane JG, Garagusi VF. Characterization of indicator bacteria in municipal raw water, drinking water and new main water samples (Caracterização de bactérias indicadoras em água bruta municipal, água potável e novas amostras de água de rede). Can J Microbiol. 1982; **28:** 1002-1013.
Cussick PK, Bullock BC. Dermatite ulcerativa e pneumonia associadas à infeção por *Aeromonas hydrophila* em golfinho de nariz de garrafa. J Am Vet Med Assoc. 1973; **163:** 578-579.
Davis HS. Culture and diseases of game fish, p.156. University of California Press. 1953; Barkley, Los Angeles, Londres.
Fang JS, Chen JB, Chen WJ, Hsu KT. Síndrome hemolítico-urémico num homem adulto com enterocolite *por Aeromonas hydrophila*. Nephrol Dial Transplant. 1999; **14:** 439-440.
Fliermans CB, Gorden RW, Hazen TC, Esch GW. Distribuição e sobrevivência de *Aeromonas* num lago termicamente alterado. Appl Environ Microbiol. 1977; **33:** 114-122.
Fujii Y, Nomura T, Okamoto K. Hemolysin of *Aeromonas sobria* stimulates production of cyclic AMP by cultured cells. FEMS Microbiol Lett. 1999; **176:** 67-72.
Gorden RW, Hazen TC, Esch GW, Fliermans CB. Isolamento de *Aeromonas hydrophila* do jacaré americano, *Alligator mississippiensis*. J Wild Dis. 1979; **15:** 239- 243.
Gullberg D, Terracio L, Borg TK, Rubin K. Identification of integrin like matrix receptors with affinity for intestinal collagen. J Biol Chem. 1989; **264:** 12686-12694.
Hassani L, Imziln B, Boussaid A, Gauthier MJ. Incidência sazonal e resistência a antibióticos entre espécies de *Aeromonas* isoladas de águas residuais domésticas antes e depois do tratamento em lagoas de estabilização. Microb Ecol. 1992; **23:** 227-237.
Hazen TC, Fliermans CB, Hirsch RP, Esch GW. Prevalência e distribuição de *Aeromonas hydrophila* nos Estados Unidos. Appl Environ Microbiol. 1978; **36:** 731-738.
Hazen TC, Fliermans CB. Distribuição de *Aeromonas hydrophila* em efluentes térmicos naturais e artificiais. Appl Environ Microbiol. 1979; **38:** 166-168.
Ho AS, Mietzner TA, Smith AJ, Schoolnik GK. The pili of *Aeromonas hydrophila*: identification of an environmentally regulated 'mini pili'. J Exp Med. 1990; **172:** 795-806.
Hoben HJ, Somasegaran P. Comparação dos métodos pour, spread e drop plate para a contagem de *Rhizobium* spp. em inoculantes feitos de turfa préesterilizada. Appl Environ Microbiol. 1982; **44:** 1246-1247.
Holmberg SD, Farmer JJ III. *Aeromonas hydrophila* e *Plesiomonas shigelloides* como causas de

infeção intestinal. Rev Infect Dis. 1984; **6:** 633-639.
Imziln B, Lafdal YMO, Jana M. Effect of wastewater stabilization ponds on antimicrobial susceptibility and haemolysin occurrence among motile aeromonads strains. World J Microbiol Biotechnol.1996; **12:** 385-390.
Islam MS, Alam MJ, Tzipori S. Abundância de *Aeromonas* spp. em vários componentes de ecossistemas de lagoas em Dhaka, Bangladesh. Int J Environ Stud. 1992; **39:** 297-304.
Kaper JB, Lockman H, Colwell RR, Joseph SW. *Aeromonas hydrophila*: ecologia e toxigenicidade de isolados de um estuário. J Appl Bacteriol. 1981; **50:** 359-377.
Kienzle N, Muller M, Pegg S. *Aeromonas* wound infection in burns (Infeção de feridas por *Aeromonas* em queimaduras). Burns. 2000; **26:** 478482.
Kuijper EJ, Peeters MF. Aspectos bacteriológicos e clínicos da diarreia *associada a Aeromonas* nos Países Baixos. Experientia. 1991; **47:** 432-434.
Larsen JL, Jansen MJ. Uma espécie de *Aeromonas* implicada na doença ulcerosa do bacalhau. Nord Vet Med. 1977; **29:** 199-211.
Leblance D, Mittal KR, Olivier G, Lallier R. Serogrupagem de espécies móveis de *Aeromonas* isoladas de peixes saudáveis e moribundos. Appl Environ Microbiol. 1981; **42:** 56-60.
Le Chevallier MW, Evans TM, Seidler RJ, Daily OP, Merrel BR, Rollins DM, Joseph SW. *Aeromonas sobria* in chlorinated drinking water supplies. Microb Ecol. 1982; **8:** 325333.
Lin CS, Cheng Sh. Sepsis de *Aeromonas hydrophila* que se apresenta como meningite e fasceíte necrotizante num homem com cirrose hepática alcoólica. J Formos Med Assoc. 1998; **97:** 498-502.
Majeed KN, Macrae IC. Actividades citotóxicas e hemaglutinantes de espécies móveis de *Aeromonas*. J Med Microbiol. 1994; **40:** 188-193.
Merino S, Tomas JM. Caracterização de estirpes de *Aeromonas hydrophila* isoladas de um surto septicémico numa exploração piscícola de Espanha. Microbiologia SEM. 1988; **4:** 181-184.
Monfort P, Baleux B. 1º Workshop Internacional sobre *Aeromonas* e *Plesiomonas*, Manchester, Reino Unido. 1986; pp.3-5.
Monfort P, Baleux B. Dinâmica de *Aeromonas hydrophila, Aeromonas sobria* e *Aeromonas caviae* numa lagoa de tratamento de águas residuais. Appl Environ Microbiol. 1990; **56:** 1999-2006.
Monfort P, Baleux B. Distribuição e sobrevivência de *Aeromonas* spp. móveis em águas salobras que recebem efluentes de tratamento de esgotos. Appl Environ Microbiol.1991; **57:** 2459-2467.
Parveen S, Huq A, Hasan JAK, Aziz KMS. Ocorrência de espécies de *Aeromonas* produtoras de hemolisina no ambiente aquático. Microbios. 1992; **70:** 67-70.
Parveen S, Islam MS, Huq A. Abundance of *Aeromonas* spp. in river and lake waters in and around Dhaka, Bangladesh. J Diarrhoeal Dis Res. 1995; **13:** 183-186.
Popoff M. Género. II. *Aeromonas* Kluyver e van Niel, p.595. *Em* N.R. Krieg, e J.G. Holt (eds.). Bergey's Manual of Systematic Bacteriology. 1984; vol I. Williams and Wilkins. Baltimore.
Rahim Z, Sanyal SC, Aziz KMS, Huq I, Chowdhury AA. Isolamento de estirpes de *Aeromonas hydrophila* enterotoxi- génicas, hemolíticas e resistentes a antibióticos de peixes infectados no Bangladesh. Appl Environ Microbiol. 1984; **48:** 865-867.
Rahim Z, Aziz KMS. Enterotoxigenicidade, atividade hemolítica e resistência aos antibióticos de *Aeromonas* spp. isoladas de camarões de água doce comercializados em Dhaka, Bangladesh. Microbiol Immunol. 1994; **30:** 773-778.
Rahman AFMS, Willoughby JMT. Síndrome do tipo disenteria associada a *Aeromo- nas hydrophila.* Br Med J. 1980; **281:** 976.
Rippey SR, Cabelli VJ. Procedimento de filtro de membrana para enumeração de *Aeromonas hydrophila* em águas doces. Appl Environ Microbiol. 1979; **38:** 108-113.
Rouf MA, Rigney MM. Caraterísticas de crescimento, temperatura e temperatura de *Aeromonas.* Appl Environ Microbiol. 1971; **22:** 503-506.
Roux M, Coppere B, Desmurs H, Ninet J. Artrite séptica causada por *Aeromonas hydrophila.* Presse Med. 2000; **29:** 839.
Sato M, Arita M, Honda T, Miwatani T. Characterization of a pili produced by *Aeromonas hydrophila.* FEMS Microbiol Lett. 1989; **59:** 325-330.
Seidler RJ, Allen DA, Lockman H, Colwell RR, Joseph SW, Daily OP. Isolamento, enumeração e caraterização de *Aeromonas* de águas poluídas encontradas em operações de mergulho. Appl Environ Microbiol. 1980; **39:** 1010-1018.
Sen R, Jacobs B. Pathogenic intestinal organisms in the unfiltered water supply of Calcutta and the effect of chlorination (Organismos intestinais patogénicos no abastecimento de água não filtrada de Calcutá e o efeito da cloração). Indian J Med Res. 1969; **57:** 1220-1227.
Shotts EB Jr., Gaines JL Jr., Martin J, Prestwood AK. Mortes induzidas por *Aeromonas* entre peixes e répteis num lago interior eutrófico. J Am Vet Med Assoc. 1972; **161:** 603-607.
Simidu U, Ashino K, Kaneko E. Bacterial flora of phyto-and zooplankton in the inshore water of Japan. Can J Microbiol. 1971; **17:** 1157-1160.
Stelma GN Jr., Johnson CH, Spaulding P. Evidence for the direct involvement of P-hemolysin in

Aeromonas hydrophila enteropathogenicity. Curr Microbiol. 1986; **14:** 71-77. **Stecchinis ML, Domenis C.** Incidência de espécies de *Aeromonas* em afluentes e efluentes de estações de tratamento de águas residuais urbanas. Lett Appl Microbiol. 1994; **19:** 237-239.
Stoll BJ, Glass RI, Huq MI, Khan MU, Holt JE, Banu H. Surveillance of patients attending a diarrhoeal disease hospital in Bangladesh. Br Med J. 1982; **285:** 1185118 8.
Sukroongreung S, Nilakul C, Tantimavanich S. Distribuição dos biogrupos IMVIC de *Aeromonas hydrophila* e *Aeromonas sobria* isoladas de seres humanos, peixes e água. SouthEast Asian J Trop Med Pub Health. 1983; **14:** 330-335.
Sugita H, Tanaka K, Yoshinami M, Deguchi Y. Distribuição de espécies de *Aeromonas* no trato intestinal de peixes de rio. Appl Environ Microbiol. 1995; **61:** 4128-4130.
Tabata A, Hatayama M, Shimizu Y. Três casos de septicemia por *Aeromonas hydrophila* complicada com cirrose hepática. Nippon Shokakibyo Gakkai Zasshi. 1999; **96:** 1181-1185.
Teka T, Faruque ASG, Hossain MI, Fuchs GJ. Diarreia associada a *Aeromonas* em crianças do Bangladesh: caraterísticas clínicas e epidemiológicas. Ann Trop Paediatr. 1999; **19:** 15-20.
Van der Kooij D, Visser A, Hijnen WAM. Crescimento de *Aeromonas hydrophila* a baixa concentração de substratos adicionados à água da torneira. Appl Environ Microbiol. 1980; **36:** 1198-1204.
Van der Kooij D, Visser A, Hijnen WAM. Versatilidade nutricional e cinética de crescimento de estirpes de *Aeromonas hydrophila* isoladas de água potável. Appl Environ Microbiol. 1988; **54:** 2842-2851.
Van Duijn C Jr. Diseases of fishes, p.39. Life Book Ltd. 1967; Londres.
Ackermann HW, Dauguet C, Paterson WD, Popoff M, Rouf MA, Vieu JF. Bacteriófagos *de Aeromonas*: Rexaminação e classificação. Ann Inst Pasteur. 1985: **136E:** 175-199.
Chattopadhyay DJ, Sarkar BL, Ansari MQ, Chakraborti BK, Roy MK, Ghosh AN, Pal SC. New phage typing scheme for *Vibrio cholerae* O1 biotype El Tor strains. J Clin Microbiol. 1993; **31:** 1579-1585.
Chow MS, Rouf M.A. Isolamento e caraterização parcial de dois fagos de *Aeromonas hydrophila.* Appl Environ Microbiol. 1983; **45:** 1670-1676.
Fukuyama M, Kamimura T, Itoh T, Hara M, Tabuchi K, Murata M, Kohzaki K. Estudos sobre a infeção por *Aeromonas* motil: 2) Desenvolvimento de um sistema de tipagem de bacteriófagos para aeromonas móveis. Kansenshogaku Zasshi. 1991; **65:** 813-819.
Fukuyama M, Kawakami K, Imagawa Y, Itoh T, Hara M, Tabuchi K. Estudos sobre a infeção por *Aeromonas* móveis 3) Fagotipagem de *Aeromonas* móveis isoladas de pacientes com diarreia. Kansenshogaku Zasshi.1992; **66:** 628-631.
Greenberg AE, Clescent LS, Aton AD. Standard methods for examination of waste and wastewater. Associação Americana de Saúde Pública. 1992. Washington. D.C.
Grimes DT. Efeitos bacteriológicos da qualidade da água ao dragar hidraulicamente sedimentos contaminados do fundo do rio Mississippi. Appl Environ Microbiol. 1980; **39:** 782-789.
Islam MS, Alam MJ, Tzipori S. Abundância de *Aeromonas spp.* em vários componentes do ecossistema de lagoas em Dhaka, Bangladesh. Intern J Environmental Studies. 1992; **39:** 279-304.
Matsuzaki S, Kurado M, Kimura S, Tanaka S. As principais proteínas do capsídeo de certos fagos de *Vibrio* e *Aeromonas* são homólogas à proteína equivalente, gp 23, do colifago T4. Arch Virol. 1999; **144:** 1647-1651.
Merino S, Camprubi S, Tomas JM. Isolamento e caraterização do bacteriófago PM2 de *Aeromonas hydrophila.* FEMS Microbiol Lett. 1990a; **56:** 239-244.
Merino S, Camprubi S, Tomas JM. Isolamento e caraterização do bacteriófago PM3 de *Aeromonas hydrophila.* O recetor bacteriano para o qual é o flagelo monopolar. FEMS Microbiol Lett. 1990b; **57:** 277-282.
Merino S, Camprubi S, Tomas JM. Identificação do recetor de superfície celular para o bacteriófago 18 de *Aeromonas hydrophila.* Res Microbiol. 1990c; **141:** 173-180.
Parveen S, Islam MS, Huq A. Abundance of *Aeromonas* spp. in river and lake waters in and around Dhaka, Bangladesh. J Diarrhoeal Dis Res. 1995; **13:** 183-186.
Rahim Z, Sanyal SC, Aziz KMS, Huq MI, Chowdhury AA. Isolamento de estirpes de *Aeromonas hydrophila* enterotoxigénicas, hemolíticas e resistentes a antibióticos de peixes infectados no Bangladesh. Appl Environ Microbiol. 1984; **48:** 865-867.
Rahim Z, Aziz KMS, Molla MAZ. Isolamento de *Aeromonas hydrophila* do sistema radicular de cinco plantas aquáticas comuns do Bangladesh. Bangladesh J Bot. 1985; **14:** 90-91.
Rahim Z, Aziz KMS. Isolamento de *Aeromonas spp. Vibrio* spp. e coliformes fecais de camarão de água doce (*Macrobrachium* malcolmsonii). Bangladesh J Zool. 1988; **16:** 159-163.
Rahim Z, Aziz KMS. Enterotoxicidade, atividade hemolítica e resistência aos antibióticos de *Aeromonas* spp. isoladas de camarões de água doce comercializados em Dhaka, Bangladesh. Microbiol Immunol. 1994, **38:** 773-778.
Seeley ND, Primrose SB. The effect of temperature on the ecology of aquatic backeriophages. J Gen Virol. 1980; **46:** 87-95.

Alavandi S, Ananthan S, Kang G. Prevalência, atividade secretora *in-vitro* e citotoxicidade de espécies de *Aeromonas* associadas a gastroenterite infantil em Chennai (Madras), Índia. Jpn J Med Sci Biol. 1999; **51:** 1-12.
Altwegg M, Steigerwalt AG, Altwegg-Bissig R, Luthy-Hottenstein J, Brenner DJ. Biochemical identification of *Aeromonas* genospecies isolated from humans. J Clin Microbiol. 1990; **28:** 258-269.
Annapurna E, Sanyal SC. Enterotoxicidade de *Aeromonas hydrophila.* J Med Microbiol. 1977; **10:** 317-323.
Asao T, Kinoshita Y, Kozaki T, Uemura T, Sakaguchi G. Purificação e algumas propriedades da hemolisina de *Aeromonas hydrophila.* Infect Immun. 1984; **46:** 122-127.
Aziz KMS, Rahim Z, Faruque ASG, Huq S, Eusof A. *Aeromonas hydrophila*: o seu isolamento de uma doença diarreica aguda na zona rural do Bangladesh. Bangladesh Med Res Council Bull. 1986; **12:** 49-58.
Bauer AW, Kirby WMM, Sherris JC, Turk M. Antibiotic susceptibility testing by a standardized single disk agar diffusion method. Am J Clin Pathol. 1966; **45:** 493-496.
Blasco MA, Moreno R, Pardo FJ, Galiano JV, Garcia del Busto A. Myonecrosis caused by *Aeromonas.* Enferm Infecc Microbiol Clin.1995; **13:** 129.
Boulanger Y, Lallier R, Cousineau G. Isolamento de *Aeromonas* enterotoxigénicas de peixes. Can J Microbiol. 1977; **23:** 1161-1164.
Burke V, Robinson J, Berry RJ, Gracey M. Deteção de enterotoxinas de *Aeromonas hydrophila* através de um teste em ratos aleitantes. J Med Microbiol. 1981; **14:** 401-408.
Burke V, Robinson J, Atkinson HM, Gracey M. Biochemical characteristics of enterotoxigenic *Aeromonas* spp. J Clin Microbiol. 1982; **15:** 48-52.
Carnahan AM, Behram S, Joseph SW. Aerokey II: Uma chave flexível para a identificação de espécies clínicas *de Aeromonas.* J Clin Microbiol. 1991; **29:** 2843- 2849.
Chakraborty T, Bergbauer H, Goebel W. Clonagem, expressão e mapeamento dos determinantes do gene da aerolisina de *Aeromonas hydrophila* em *Escherichia coli* K-12. J Bact. 1986; **167:** 368-374.
Chakraborty T, Huhle B, Hof H, Bergbauer H, Goebel W. A mutagénese de troca de marcadores do determinante da aerolisina em *Aeromonas hydrophila* demonstra o papel da aerolisina nas infecções sistémicas *associadas à A. hydrophila.* Infect Immun. 1987; **55:** 2274- 2280.
Chopra AK, Houston CW, Peterson JW, Jin G-F. Clonagem, expressão e análise da sequência de um gene de enterotoxina citolítica de *Aeromonas hydrophila*. Can J Microbiol. 1993; **39:** 513-523.
Chopra AK, Houston CW. Enterotoxinas na gastroenterite *associada a Aeromonas.* Microbes Infect. 1999; **1:** 1129-1137.
Christie R, Atkins NE, Munch-Petersen E. Uma nota sobre um fenómeno lítico demonstrado pelos estreptococos do grupo B. Aust J Exp Biol Med Sci. 1944; **22:** 197-200.
Cleary TG, Mathewson JJ, Faris E, Pickering LK. Produção de citotoxinas do tipo Shiga por sekroproups de Escherichia coli enteropatogénicos. Infect Immun. 1985; **47:** 335-337.
Dean AG, Ching YC, Williams RG, Harden LB. Test for *Escherichia coli* enterotoxin using in infant mise: application in a study of diarrhea in children in Honolulu. J Infect Dis. 1972; **125:** 407-411.
Fang JS, Chen JB, Chen WJ, Hsu KT. Síndrome hemolítico-urémico num homem adulto com enterocolite *por Aeromonas hydrophila.* Nephrol Dial Transplant. 1999; **14:** 439-440.
Ferguson MR, Xu X-J, Houston CW, Peterson JW, Chopra AK. Resíduos de aminoácidos envolvidos nas funções biológicas da enterotoxina citolítica de *Aeromonas hydrophila.* Gene. 1995; **156:** 79-83.
Ferguson MR, Xu X-J, Houston CW, Peterson JW, Coppenhaver DH, Popov VL, Chopra AK. Hiperprodução, purificação e mecanismo de ação da enterotoxina citotóxica produzida por *Aeromonas hydrophila* Infect Immun. 1997; **65:** 4299-4308.
Figura N, Guglielmetti P. Differentiation of motile and mesophilic *Aeromonas* strains into species by testing for a CAMP-like fator. J Clin Microbiol. 1987; **25:** 1341-1342.
Fujii Y, Nomura T, Okamoto K. Hemolysin of *Aeromonas sobria* stimulates production of cyclic AMP by cultured cells. FEMS Microbiol Lett. 1999; **176:** 67-72.
Gubash SM. Avaliação do teste semelhante à hemólise sinérgica (CAMP) na identificação de espécies de *Aeromonas* móveis e mesófilas. Zbl Bakt. 1997; **286:** 41-45.
Gullberg D, Terracia L, Borg TK, Rubin K. Identification like matrix receptors with affinity for inrtestinal collagen. J Biol Chem. 1989; **264:** 12686-12694.
Haque QM, Sugiyama A, Iwade I, Midorikawa Y, Yamauchi T. Os isolados diarreicos e ambientais de *Aeromonas* spp. produzem uma toxina semelhante à toxina tipo shiga1. Curr Microbiol.1996; **32:** 239-245.
Ho AS, Meitzner TA, Smith AJ, Schoolnik GK. The pili of *Aeromonas hydrophila*: identification of an environmentally regulated 'mini pili'. J Exp Med. 1990; **172:** 795-806.
Hur T, Cheng KC, Hsieh JM. Abcesso pulmonar *de Aeromonas hydrophila* num homem previamente saudável. Scand J Infect Dis. 1995; **27:** 295.
Janda JM, Kokka RP, Guthertz LS. The susceptibility of S-layer-positive and S-layer- negative *Aeromonas* strains to complement-mediated lysis. Microbiol. 1994; **140:** 2899-2905.
Janda JM, Abbott SL. Patógenos incomuns de origem alimentar: Listeria monocytogenes, *Aeromonas,*

Plesiomonas, e espécies de *Edwardsiella*. Clin Lab Med. 1999; **19:** 553-582.
Joseph SW, Daily OP, Hunt SW, Seidler RJ, Allen AD, Colwell RR. Infeção primária de ferida por *Aeromonas* de um mergulhador em águas poluídas. J Clin Microbial. 1979; **10:** 46-49.
Kirov SM, O'Donovan LA, Sanderson K. Functional characterization of type IV pili expressed on diarrhea-associated isolates of *Aeromonas* species. Infect Immun. 1999; **67:** 5447-5454.
Kirov SM, Barnett TC, Pepe CM, Strom MS, Albert MJ. Investigação do papel do pilus de *Aeromonas* tipo IV (Tap) na patogénese da infeção gastrointestinal por *Aeromonas*. Infect Immun. 2000; **68:** 4040-4048.
Ko WC, Lee HC, Chuang YC, Liu CC, Wu JJ. Clinical features and therapeutic implications of 104 episodes of monomicrobial *Aeromonas* bacteraemia. J Infect. 2000; **40:** 267-273.
Kokka RP, Janda JM, Oshiro LS, Altwegg M, Shimada T. Sakazaki R, Brenner DJ. Biochemical and genetic characterization of autoagglutinating phenotypes of *Aeromonas* species associated with invasive and noninvasive disease. J Infect Dis. 1991; **163:** 890-894.
Kuijper EJ, Peeters MF. Aspectos bacteriológicos e clínicos da diarreia *associada a Aeromonas* nos Países Baixos. Experientia. 1991; **47:** 432-434.
Lecler O, Pourriat JL, Hoang P, Fournier JL, Cupa M. Infeção pulmonar por *Aeromonas hydrophila* após afogamento numa piscina. Cah Anesthesiol. 1990; **38:** 435-6.
Lesmana M, Subekti D, Tjaniadi P, Pazzaglia G. Modified CAMP test for biogrouping *Vibrio cholerae* 01 strains and distinguishing them from strains of *V. cholerae* non 01. J Clin Microbiol. 1994; **32:** 235-237.
Lin CS, Cheng Sh. Sepsis de *Aeromonas hydrophila* que se apresenta como meningite e fasceíte necrotizante num homem com cirrose hepática alcoólica. J Formos Med Assoc. 1998; **97:** 498-502.
Ljungh A, Retlind B, Molby R. Separação e caraterização da enterotoxina e de duas hemolisinas de *Aeromonas hydrophila.* Ata Pathol. Microbiol Scand [B]. 1981; **89:** 387397.
Ljungh A, Enroth P, Wadstrom T. Steroid secretion in adrenal Y1cells exposed to *Aeromonas hydrophila* enterotoxin. FEMS Microbiology Lett. 1982; **15:** 141-144.
Majeed KN, Macrae IC. Actividades citotóxicas e hemaglutinantes de espécies móveis de *Aeromonas*. J Med Microbiol. 1994; **40:**188-193.
Mattick KL, Donovan TJ. The risk to public health of *Aeromonas* in ready-to-eat salad products. Commun Dis Public Health. 1998; **1:** 267-270.
Merino S, Alberti S, Tomas JM. *Aeromonas salmonicida* resistance to complement- mediated killing. Infect Immun. 1994; **62:** 5483-5490.
O'Brian AD, LaVeck GD, Thompson MR, Formal SB. Production of *Shigella dysenteriae* type 1-like cytotoxin by *Escherichia coli.* J Infect Dis. 1982; **146:** 763-769.
O'Brian AD, Chen ME, Holmes RK. Isolados ambientais e humanos de *Vibrio cholerae* e *Vibrio parahaemolyticus* produzem uma citotoxina *Shigella dysenteriae* 1 (Shiga-like). Lancet. 1984; **i:** 77-78.
Parveen S, Huq A, Hassan JAK, Aziz KMS. Ocorrência de espécies de *Aeromonas* produtoras de hemolisina no ambiente aquático. Microbios. 1992; **70:** 67-70.
Rahim Z, Sanyal SC, Aziz KMS, Huq MI, Chowdhury AA. Isolamento de estirpes de *Aeromonas hydrophila* enterotoxigénicas, hemolíticas e resistentes a antibióticos isoladas de peixes infectados no Bangladesh. Appl Environ Microbiol. 1984; 48: 865-867.
Rahim Z, Aziz KMS. Enterotoxigenicidade, atividade hemolítica e resistência aos antibióticos de *Aeromonas* spp. isoladas de camarões de água doce comercializados em Dhaka, Bangladesh. Microbiol Immunol. 1994; **38:** 773-778.
Robson WL, Leung AK, Trevenen CL. Síndrome hemolítico-uraémico associado a enterocolite por *Aeromonas hydrophila.* Pediatr Nephrol. 1992; **6:** 221.
Rose JM, Houston CW, Kurosky A. Bioatividade e caraterização imunológica de uma enterotoxina citolítica reactiva cruzada com a toxina da cólera de *Aeromonas hydrophila.* Infect Immun.1989; **57:** 1170-1176.
Sanyal SC, Singh SJ, Sen PC. Enteropatogenicidade de *Aeromonas hydrophila* e *Plesiomonas shigelloides.* J Med Microbiol. 1975; **8:** 195-198.
Sato M, Arita M, Honda T, Miwatani T. Characterization of a pili produced by *Aeromonas hydrophila.* FEMS Microbiology Lett. 1989; **59:** 325-330.
Singh DV, Sanyal SC. Enterotoxicidade, atividade hemolítica e suscetibilidade a antibióticos de estirpes de *Aeromonas eucrenophila* isoladas da água e de peixes infectados. Indian J Exp Biol. 1997; **35:** 144-147.
Stockbine NA, Jackson MP, Sung LM, Holmes RK, O'Brian AD. Clonagem e sequenciação do gene da toxina shiga da Shigella dysenteriae tipo 1. J Bactriol. **170:** 1116-1122.
Tabata A, Hatayama M, Shimizu Y. Três casos de septicemia por *Aeromonas hydrophila* complicada com cirrose hepática. Nippon Shokakibyo Gakkai Zasshi. 1999; **96:** 11811185.
Teka T, Faruque ASG, Hossain MI, Fuchs GJ. *Aeromonas-associated* diarrhoea in Bangladeshi children: clinical and epidemiological characteristics (Diarreia *associada a Aeromonas* em crianças do Bangladesh: caraterísticas clínicas e epidemiológicas). Ann Trop Paediatr. 1999; **19:** 15-20.

Wadstrom T, Ljungh A, Wretlind B. Enterotoxina, hemolisina e proteína citotóxica em *Aeromonas hydrophila* de infeção humana. Ata Pathol Microbiol Scand [B]. 1976; **84:** 112-114.
Wang CYF, Mayrhofer G, Heuzenroeder HM, Atkinson HM, Quinn, Flower RLP. Measurement of virulence of aeromonads using a suckling mouse model of infection. FEMS Immunol Med Microbiol. 1996; **15:** 233-241.
Yamada S, Matsushita S, Dejsirilert S, Kudoh Y. Incidência e sintomas clínicos da diarreia dos viajantes *associada a Aeromonas* em Tóquio. Epidemiol Infect. 1997; **119:** 121-126.
Andre-Fontaine G, Monfort P, Buggin-Daubie M, Filloneau C, Ganiere JP. Doença fatal que imita a leptospirose num cão causada por *Aeromonas hydrophila.* Comp Immunol Microbiol Infect Dis. I995; **18:** 69-72.
Ala Aldeen DA, Bareer MR. Crescimento bacteriano e produção de toxinas em efluentes de ileostomia. J Med Microbiol. 1989; **28:** 287-290.
Asao T, Kinoshita Y, Kozaki T, Uemura T, Sakaguchi G. Purificação e algumas propriedades da hemolisina de *Aeromonas hydrophila.* Infect Immun. 1984; **46:** 122-127.
Boulanger Y, Lallier R, Cousineau G. Isolamento de *Aeromonas* enterotoxigénicas de peixes. Can J Microbiol. 1977; **23:** 1161-1164.
Carta F, Pinna A, Zanetti S, Carta A, Sotgiu M, Fadda G. Úlcera da córnea causada por espécies de *Aerommonas.* Am J Ophthalmol. 1994; **118:** 530-531.
Chopra AK, Houston CW, Peterson JW, Jin G-F. Clonagem, expressão e análise da sequência do gene da enterotoxina citotóxica de *Aeromonas hydrophila.* Can J Microbiol. 1993; **39:** 513-523.
Chopra AK, Peterson JW, Xu X-J, Coppenhaver DH, Houston CW. Caracterização molecular e bioquímica de uma enterotoxina citotónica termolábil de *Aeromonas hydrophila.* Microb Pathog. 1996; **21:** 357-377.
Cusick PK, Bullock BC. Dermatite ulcerativa e pneumonia associadas à infeção por *Aeromonas hydrophila* em golfinho de nariz de garrafa. J Am Vet Med Assoc. 1973; **163:** 578-579.
Daily OP, Joseph SW, Coolbaough JC, Walker RI, Merrell BR, Rollins MD, Seidler RJ, Colwell RR, Lissner CR. Association of *Aeromonas sobria* with human infection (Associação de *Aeromonas sobria* com infeção humana). J Clin Microbiol. 1981; **13:** 769-777.
Dobrescu L. Enterotoxigenic *Aeromonas hydrophila* from a case of piglet diarrhoea. Zentbl Vet Med B. 1978; **25:** 713-718.
Fang JS, Chen JB, Chen WJ, Hsu KT. Síndrome hemolítico-urémico num homem adulto com enterocolite *por Aeromonas hydrophila.* Nephrol Dial Transplant. 1999; **14:** 439-440.
Fliermans CB, Gorden RW, Hazen TC, Esch GW. Distribuição e sobrevivência de *Aeromonas* num lago termicamente alterado. Appl Environ Microbiol. 1977; **33:** 114-122.
Ferguson MR, Xu X-J, Houston CW, Peterson JW, Coppenhaver DH, Popov VL, Chopra AK. Hyperproduction, purification and mechanism of action of the cytotoxic enterotoxin produced by *Aeromonas hydrophila.* Infect. Immun. 1997; **65:** 4299-4308.
Heywood RW. Infeção por *Aeromonas* em serpentes. Cornell Vet. 1968; **58:** 236-241.
Hoben HJ, Somasegaran P. Comparação dos métodos pour, spread e drop plate para a contagem de *Rhizobium* spp. em inoculantes feitos de turfa préesterilizada. Appl Environ Microbiol. 1982; **44:** 1246-1247.
Honda T, Sato M, Nishimura T, Higashitsutsumi M, Fukai K, Miwatani T. Demonstração do fator relacionado com a toxina da cólera em culturas de espécies de *Aeromonas* por ensaio de imunoabsorção enzimática. Infect Immun. 1985; **50:** 322-323.
James C, Dibley M, Burke V, Robinson J, Gracey M. Immunological cross-reactivity of enterotoxins of *Aeromonas hydrophila* and cholera toxin. Clin Exp Immunol. 1982; **47:** 3442.
Ko WC, Lee HC, Chuang YC, Liu CC, Wu JJ. Clinical features and therapeutic implications of 104 episodes of monomicrobial *Aeromonas* bacteraemia. J Infect. 2000; **40:** 267-273.
Karunakaran T, Devi BG. Caracterização da atividade hemolítica de *Aeromonas caviae.* Epidemiol Infect. 1994; **112:** 291-298.
Leblanc D, Mittal KR, Olivier G, Lallier R. Serogrupagem de espécies de *Aeromonas* móveis isoladas de peixes saudáveis e moribundos. Appl Environ Microbiol. 1981; **42:** 56-60.
Lecler O, Pourriat JL, Hoang P, Fournier JL, Cupa M. Infeção pulmonar por *Aeromonas hydrophila* após afogamento numa piscina. Cah Anesthesiol. 1990; **38:** 435-436.
Lin CS, Cheng SH. Sepsis *de Aeromonas hydrophila* que se apresenta como meningite e fasceíte necrosante num homem com cirrose hepática alcoólica. J Formos Med Assoc. 1998; **97:** 498-502.
Ljungh A, Retlind B, Molby R. Separação e caraterização da enterotoxina e de duas hemolisinas de *Aeromonas hydrophila.* Ata Pathol. Microbiol Scand [B]. 1981; **89:** 387397.
Ljungh A, Eneroth P, Wadstrom T. **Enterotoxina citotóxica de *Aeromonas hydrophila.* Toxicon. 1982a;** 20: **787-794.**
Ljungh A, Wretlind B, Wadsrtom T. Separação e caraterização de três toxinas extracelulares de *Aeromonas hydrophila.* Ata Pathol Microbiol Scand [B]. 1982b; **89:** 387-397.
Ljungh A, Enroth P, Wadstrom T. Steroid secretion in adrenal Y1 cells exposed to *Aeromonas*

hydrophila endotoxin. FEMS Microbiology Lett. 1982c; **15:** 141-144.
Ljungh A, Wadstrom T. *Aeromonas* toxins. Pharmacol Ther. 1982d, **15:** 339 354.
Majeed KN, Macrae IC. Provas experimentais da produção de toxinas por *Aeromonas hydrophila* e *Aeromonas sobria* num extrato de carne a baixas temperaturas. Int J Food Microbiol. 1991; 12: 181-188.
Neilands JB. Microbiologia dos compostos de ferro. Ann Rev Biochem. 1981; **50:** 715-773.
Nishibuchi M, Doke S, Toizumi S, Umeda T, Yoh M, Miwatani T. Isolamento de um peixe costeiro de *Vibrio hollisae* capaz de produzir uma hemolisina semelhante à hemolisina direta termoestável de *Vibrio parahemolyticus*. Appl Environ Microbiol. 1988; **54:** 2144-2146.
Rahim Z, Aziz KMS. Factores que afectam a produção de hemolisina por estirpes de *Vibrio fluvialis*. J Diarrhoeal Dis Res. 1996; **14:** 113-116.
Riddle LM, Graham TE, Amborski RL. Medium for the accumulation of extracellular hemolysin and protease by *Aeromonas hydrophila*. Infect Immun. 1981; **33:** 728-733.
Robson WL, Leung AK, Trevenen CL. Síndrome hemolítico-uraémico associado a enterocolite por *Aeromonas hydrophila*. Pediatr Nephrol. 1992; **6:**221.
Rose JM, Houston CW, Coppenhaver DH, Dixon JD, Kurosky A. Purificação e caraterização de uma enterotoxina citolítica reactiva cruzada à toxina da cólera produzida por um isolado humano de *Aeromonas hydrophila*. Infect Immun. 1989a; **57:** 1165-1169.
Rose JM, Houston CW, Kurosky A. Bioatividade e caraterização imunológica de uma enterotoxina citolítica reactiva cruzada com a toxina da cólera de *Aeromonas hydrophila*. Infect. Immun. 1989b; **57:** 1170-1176.
Sanyal SC, Singh SJ, Sen PC. Enteropatogenicidade de *Aeromonas hydrophila* e *Plesiomonas shigelloides*. J Med Microbiol. 1975; **8:** 195-198.
Schultz AJ, McCardell BA. Homologia do ADN e reatividade imunológica cruzada entre *a* toxina citotónica *de Aeromonas hydrophila* e a toxina da cólera. J Clin Microbiol. 1988; **26:** 57-61.
Sha J, Lu M, Chopra AK. **Regulação do gene da enterotoxina citotóxica em *Aero- monas hydrophila*: caraterização de uma regulação da captação de ferro. Infect Immun. 2001;** 69: **6370-6381.**
Shotts EB Jr., Gaines JL Jr., Martin L, Prestwood AK. **Mortes induzidas por *Aeromonas* entre peixes e répteis num lago interior eutrófico. J Am Vet Med Assoc. 1972; 161: 603-607.**
Stelma GN Jr., Johnson CH, Spoulding P. **Evidence for the direct involvement of P- hemolysin in *Aeromonas hydrophila* enteropathogenicity. Curr Microbiol. 1986;** 14: **7177.**
Tabata A, Hatayama M, Shimizu Y. Três casos de septicemia por *Aeromonas hydrophila* complicada com cirrose hepática. Nippon Shokakibyo Gakkai Zasshi. 1999; **96:** 1181-1185.
Teka T, Faruque AS, Hossain MI, Fuchs GJ. Diarreia *associada a Aeromonas* em crianças do Bangladesh: caraterísticas clínicas e epidemiológicas. Ann Trop Pediatr. 1999; **19:** 15-20.
Thelestam M, Ljungh A. Duas toxinas que danificam as membranas de *Aeromonas hydrophila*. Toxicon. 1982; **20:** 159-163.
Tison DL, Kelly MT. Factores que afectam a produção de hemolisina por *Vibrio vulnificus*. Curr Microbiol. 1984; **10:** 181-184.
Tsai GJ, Tsai FC, Kong ZL. Effect of temperature, medium composition, pH, salt and dissolved oxygen on haemolysin and cytotoxin production by *Aeromonas hydrophila* isolated from oyster. Int J Food Microbiol. 1997; **38:** 111-116.
Wadstrom T, Ljungh A, Wretlind B. Enterotoxina, hemolisina e proteína citotóxica em *Aeromonas hydrophila* de infecções humanas. Ata Pathol Microbiol Scand [B]. 1976; **84:** 112-114.
Wilkox MH, Cook A, Geary I, Eley A. Toxin production, adherence and protein expression by clinical *Aeromonas* spp. isolates in broth and human pooled ileostomy fluid. Epidemiol Infect. 1994; **113:** 235-245.
Wohlgemuth K, Pierce RL, Kirkbridge CA. Aborto bovino associado a *Aeromonas hydrophila*. J Am Vet Med Assoc. 1972; **160:** 1001-1002.
Albert MJ, Anseruzzaman M, Shimada T, Rahman A, Bhuyan NA, Nahar S, Qadri F, Islam MS. Caracterização de estirpes de *Aeromonas trota* que reagem de forma cruzada com *Vibrio cholerae* O139 Bengal. J Clin Microbiol. 1995; **33:** 3119-3123.
Ascencio F, Ljungh A, Wadstrom T. New lectins and other putative adhesins in *Aeromonas hydrophila*. Experientia. 1991; **47:** 414-416.
Atkinson HM, Adams D, Savvas RS, Trust TJ. Antigénios de adesinas de *Aeromonas*. Experientia. 1987; **43:** 372-374.
Barnett TC, Kirov SM, Strom SM, Sanderson K. *Aeromonas* spp. possuem pelo menos duas famílias distintas de pilus do tipo IV. Microb Pathog. 1997; **23:** 241-247.
Cheasty T, Gross RJ, Thomas LV, Rowe B. Serogrupagem dos grupos de *Aeromonas hydrophila*. J Diarrhoeal Dis Res. 1988; **6:** 95-98.
Hokama A, Honma Y, Nakasone N. Pili de estirpes de *Aeromonas hydropohila* como possível fator de colonização. Microbiol Immunol. 1990; **34:** 901-915
Hokama A, Iwanaga M. Purificação e caraterização de *Aeromonas sobria* Ae24 pili: um possível novo

fator de colonização. Microb Pathogen. 1992; **13:** 325-334.
Honma Y, Nakasone N. Pili de *Aeromonas hydrophila*: purificação, caraterização e papel biológico. Microbiol Immunol. 1990; **34:** 83-98.
Islam MS, Alam MJ, Tzipori S. Abundância de *Aeromonas* spp. em vários componentes de ecossistemas de lagoas em Dhaka, Bangladesh. Int J Environ Stud. 1992; **39:** 297-304.
Iwanaga M, Hokama A. Caracterização do pili TAP13 de *Aeromonas sobria*: um possível novo fator de colonização. J Gen Microbiol. 1992; **138:** 1913-1919.
Janda JM, Oshino LS, Abbott SL, Duffey PS. Virulence markers of mesophilic aeromonads: association of the autoagglutination phemomenon with mouse pathogenicity and the presence of a peripheral cell-associated layer. Infect Immun. 1987; **55:** 3070-3077.
Janda JM, Guthertz LS, Kokka RP, Shimada T. *Aeromonas* spp. em septicemia: caraterísticas laboratoriais e observações clínicas. Clin Infect Dis. 1994; **19:** 77-83.
Khashe S, Hill W, Janda JM. Caracterização de estirpes de *Aeromonas hydrophila* de origem clínica, animal e ambiental que expressam o antigénio 0:34. Curr Microbiol. 1996; **33:** 104108.
Kirov SM, Sanderson K. Characterization of a type IV bundle-forming pilus (SFP) from a gastroenteritis-associated strain of *Aeromonas veronii* biovar *sobria.* Microb Pathog. 1996; **21:** 23-34.
Kirov SM, Sanderson K, Dickson TC. Characterization of a type IV pili prodused by *Aeromonas caviae.* J Med Microbiol. 1998; **47:** 527-531.
Kirov SM, O'Donovan LA, Sanderson K. Functional characterization of type IV pili expressed on diarrhea associated isolates of *Aeromonas* species. Infect Immun. 1999; **67:** 5447-5454.
Kokka RP, Janda JM. Isolamento e identificação de estirpes de *Aeromonas* do serogrupo O: 11 autoaglutinantes no laboratório clínico. J Clin Microbiol. 1990; **28:** 1297- 1299.
Kokka RP, Janda JM, Oshiro RS, Altwegg M, Shimada T, Sakazaki R, Brenner DJ. Biochemical and genetic characterization of autoagglutinating phenotypes of *Aeromonas* species associated with invasive and noninvasive disease. J Infect Dis. 1991; **163:** 890-894.
Lallier R, Bernand F, Lalonde G. Diferença nos produtos extracelulares de duas estirpes de *Aeromonas hydrophila* virulentas e fracamente virulentas para peixes. Can J Microbiol. 1984; **30:** 900904.
Merino S, Tomas JM. Caracterização de estirpes de *Aeromonas hydrophila* isoladas num surto septicémico numa exploração piscícola de Espanha. Microbiologia SEM. 1988; **4:** 181-184.
Merino S, Benedi VJ, Tomas JM. Estirpes de *Aeromonas hydrophila* com virulência moderada. Microbios. 1989; **59:** 165-173.
Misra SK, Shimada T, Bhadra RK, Pal SC, Nair GB. Serogrupagem de espécies de *Aeromonas* de fontes clínicas e ambientais em Calcutá, Índia. J Diarrhoeal Dis Res. 1989; **7:** 812.
Pepe CM, Eklund MW, Strom MS. Clonagem de um grupo de genes da biogénese do pilus tipo IV de *Aeromonas hydropohila*: complementação da função de montagem do pilus e caraterização de uma peptidase/N-metiltranferase líder do tipo IV necessária para a secreção de proteínas extracelulares. Mol Microbiol.1996; **194:** 857-869.
Rahim Z, Sanyal SC, Aziz KMS, Huq MI, Chowdhury AA. Isolamento de estirpes de *Aeromonas hydrophila* enterotoxigénicas, hemolíticas e resistentes a antibióticos de peixes infetados no Bangladesh. Appl Environ Microbiol. 1984; **48:** 865-867.
Rahim Z, Aziz KMS, Huq MI, Saeed H. Isolamento de *Aeromonas hydrophila* das feridas de cinco espécies de peixes de água salobra do Bangladesh. Bangladesh J Zool. 1985; **13:** 37-42.
Rahim Z, Aziz KMS. Enterotoxigenicidade, atividade hemolítica e resistência aos antibióticos de *Aeromonas* spp. isoladas de camarões de água doce comercializados em Dhaka, Bangladesh. Microbiol Immunol. 1994; **30:** 773-778.
Roberts NJ Jr., Steigbigel RT. Hyperthermia and human leukocyte functions: effects on response of lymphocytes to mitogen and antigen and bactericidal capacity of monocytes and neutrophils. Infect Immun. 1977; **18:** 673-679.
Sakazaki S, Shimada T. O-Serogrouping scheme for mesophilic *Aeromonas* strains. Japan J Med Sci Biol. 1984; **37:** 247-255.
Xu X-J, Ferguson MR, Popov VL, Houston CW, Peterson JW, Chopra AK. Role of cytotoxic enterotoxin in *Aeromonas-mediated* infections: development of transposon and isogenic mutants. Infect Immun. 1998; **66:** 3501-3509.

MIX
Papier aus verantwortungsvollen Quellen
Paper from responsible sources
FSC® C105338

Printed by Books on Demand GmbH, Norderstedt / Germany